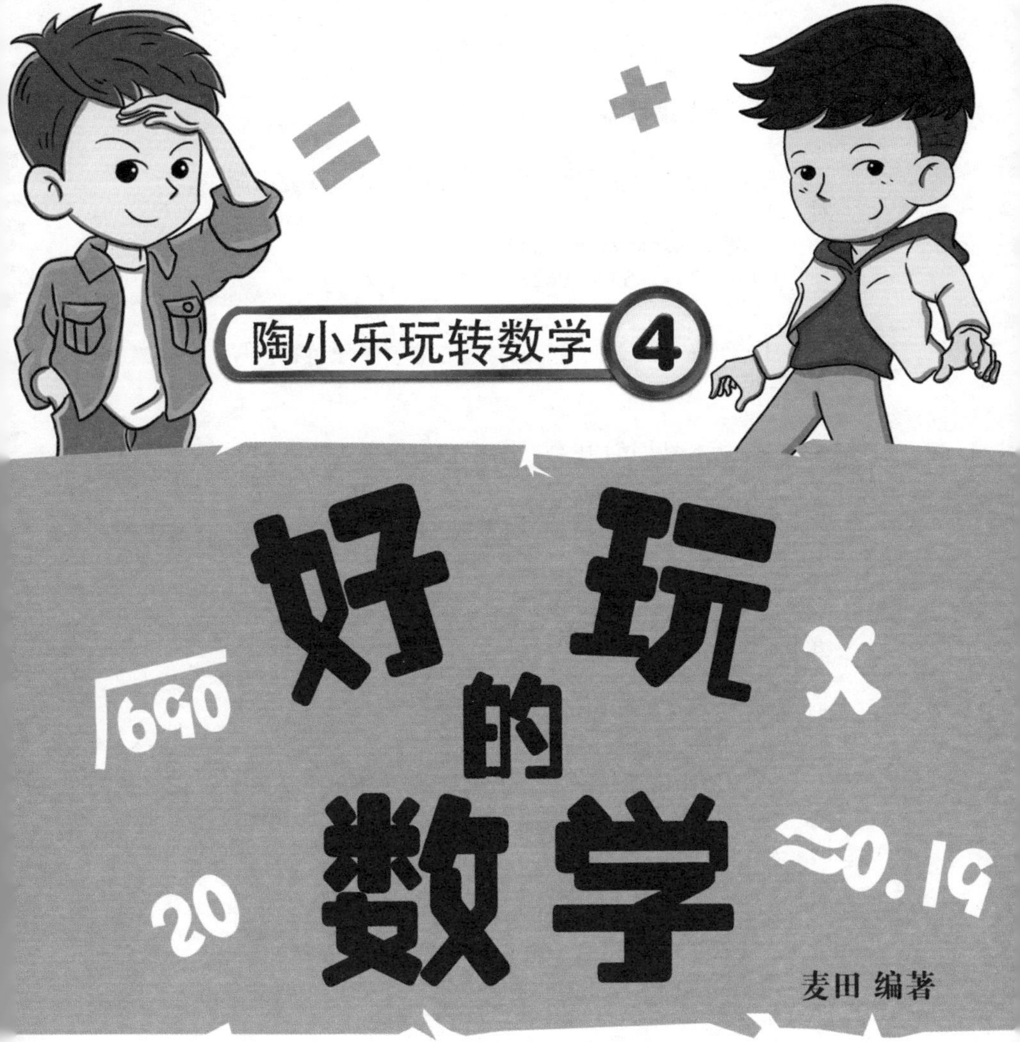

陶小乐玩转数学 4

好玩的数学

麦田 编著

山东教育出版社

图书在版编目(CIP)数据

好玩的数学 / 麦田编著. —济南 ： 山东教育出版社，2017.1
（陶小乐玩转数学 ；4）
ISBN 978-7-5328-9627-1

Ⅰ. ①好… Ⅱ. ①麦… Ⅲ. ①数学—儿童读物 Ⅳ. ①01-49

中国版本图书馆 CIP 数据核字（2016）第 302375 号

陶小乐玩转数学 4

好玩的数学

麦 田 / 编著

主 管：山东出版传媒股份有限公司
出版者：山东教育出版社
（济南市纬一路 321 号 邮编：250001）
电 话：（0531）82092664 传真：（0531）82092625
网 址：sjs.com.cn
发行者：山东教育出版社
印 刷：湖北知音印务有限公司
版 次：2017 年 1 月第 1 版 2017 年 1 月第 1 次印刷
规 格：880mm × 1230mm 32 开本
印 张：5
字 数：110 千字
印 数：1–10000
书 号：ISBN 978-7-5328-9627-1
定 价：18.00 元

前言

我叫陶小乐，虽然体育是我的强项，但是在学习成绩上，我也一点都不比别人差哦！从小到大，被大人们无数次夸赞聪明伶俐的我，竟然在上小学后碰到了第一个“死对头”——数学。

这个总是跳出来和我作对的家伙，让我吃了不少苦头，我甚至无数次希望它从这个世界上消失！不过这些都是过去的事情了，现在，我和数学早已在一次次精彩有趣的碰撞中“化敌为友”了。

你想知道我是如何赢得数学这个朋友的吗？那就赶快和我一起冒险吧！

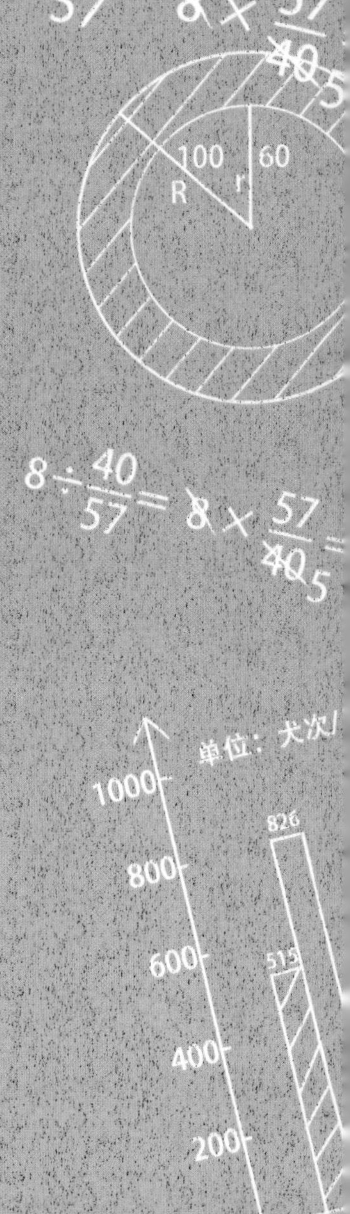

陶小乐

一个聪明、顽皮、淘气，又爱好各种运动的男孩子，富于冒险精神。因为一年级时一次数学课上的受挫，让他对数学产生了极大的反感。三年级时，一位新来的数学老师给他们上了一堂神奇的数学课，让他对数学有了别样的认识。之后，他渐渐地喜欢上数学，数学成绩也突飞猛进。

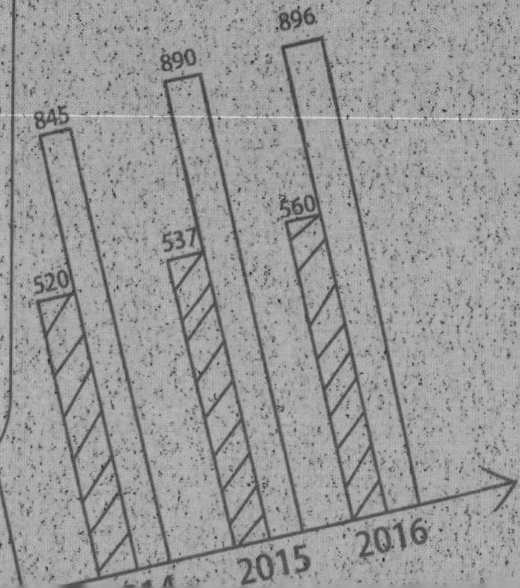

窦晓豆

和陶小乐一样，他也是一个好动不好静的男孩子。在小学刚入学的时候，因为他的“不拘小节”，给陶小乐留下了不好的印象。但是随着不断深入的了解，他们俩成了死党，并和胡聪聪一起成为“三剑客”组合。

胡聪聪

一个总是喜欢说大话的男孩子，讲起话来总是信心满满，让人有种他知道很多事情的错觉。可是因为他的自以为是，闹出了不少笑话，大家也渐渐了解到他总是不懂装懂的个性。和窦晓豆一样，他也是陶小乐的死党，“三剑客”组合的重要成员。

戴志舒

陶小乐的同桌，经常告诫陶小乐要好好学习。他的各门功课都很优秀，喜欢读书，遇事沉着冷静，总是一本正经地研究问题，男生们都叫他"小眼镜"。

简彤

陶小乐的死对头，一个聪明、干练、骄傲的女孩子，说话做事干脆利落。因为有同学曾经把"彤"错念成"丹"，于是她就得了个"简单"的绰号。不过这个小丫头的头脑却一点都不简单，只要找到思路，什么事情在她嘴里都会变成一句话——"这事儿，简单啦！"

叶小米

一个漂亮、可爱的小女生，总是一副小淑女的形象，但是眼泪来得超级快。曾经因为陶小乐在她背后轻轻地学了声猫叫，就被吓得大哭起来。虽然她的胆子很小，但是在和同学们冒险的过程中，却从未退缩过。

目录 Contents

320 X 2

640 X 2

1280 X 2

2560>15

30 30

60 60

=20(天)
100
60
R
r

我是你的新朋友，
欢迎走进我的故事！

第一章 从遥远的星星到印度神算

一整个暑假，我天天盼着开学，妈妈说我变得爱学习了，我想这都是狄老师的功劳，是他让我爱上了数学。虽然在暑假期间，我也和狄老师见过几面，可是毕竟不能天天见面。还好现在终于开学了，我又可以听狄老师讲数学课，和他一起经历那些有趣的冒险了。

今天的第一节课就是数学，狄老师开门见山地问我们："还记得我给大家上的第一堂课上讲到的那个故事吗？"

"当然记得。"同学们异口同声地回答。

"一个'万'字，就把财主的儿子累成那样，如果是个'亿'字，估计那位可怜的、自作聪明的少爷，一定会被吓晕过去不可。"说话间，狄老师随手一挥，黑

板上立刻出现了一个“万”字和一个“亿”字。“你们别看这两个字的笔画数相同，写起来也都很简单，但是它们的意义却千差万别。你们知道‘万’和‘亿’的关系吗？”见没人举手，狄老师继续说道：“那谁来说一下从个位数开始的数位？”

很多同学都举起了手，狄老师让简彤站起来回答。简彤干脆利落地说道：“个位、十位、百位、千位、万位，再上面还有十万、百万和千万。”

“回答得非常好。那么‘千万’接下来是什么呢？‘千万’接下来就是‘亿’，比如我们国家有13.68亿人口。这样大的数字，我们总不能像那位自作聪明的少爷一样，一直不停地画横线吧。”同学们又被狄老师的话逗得忍不住笑起来。

“那样多傻呀。”一位同学忍不住说了句。

“对！所以人类就在实践的过程中不断地摸索，最终确立了这些可以代表很大数字的数位。”

“大数位的诞生，给了我们一个认识世界，甚至认识宇宙的更便捷的方式。我们都知道天上有很多星星，距离我们非常非常遥远。地球和这些星星之间的距离，如果用我们常用的‘米’或者‘千米’来衡量，那么每一个数据都是一串很长很长的数字，于是天文学家就发明了‘光年’这个计量单位，来表示从地球到星星的距离，还有星星之间的距离。‘光年’就是光在一年中所传播的距离，也就是说，如果宇宙中的某颗星星距离地球100光年远，那么我们现在看到的这颗星星，实际上是100年前发出的光。”

听到这里，同学们发出一阵惊呼：“那就是说，我们看到的这颗星星，实际上是它100年前的样子？”

“真聪明，就是这个意思。光‘行走’的速度是每秒299,792,458米，也就是约30万千米，而一光年就是用这个速度乘以把365天变成秒的时间，大约是9,460,730,472,581千米。大家别被这个大数字吓倒，你们认真记下来，然后看看这些数字和‘亿’有什么关系。”狄老师边说边在黑板上写下这两个天文数字。

"光年"就是光在一年中走过的距离。光在一秒钟能走 299,792,458 米，约等于 30 万千米。

"我的天哪！这么长的数字，一个个说出来都够麻烦的了。"窦晓豆的话说出了所有同学的心声。

"嗯，确实是这样。要想解决窦晓豆提出的问题，我们就可以让'四舍五入'来帮忙。"

"什么是四舍五入呀？"胡聪聪也穷追不舍地提问道。

"就比如我刚刚说到的，光的传播速度是每秒 299,792,458 米，约 30 万千米。实际上这个速度是不到 30 万千米的。但因为这个数字太接近 30 万千米了，因此在表述大数字的时候，就可以把它说成是 30 万千米，这就是所谓的'近似值'。我再给你们举个简单的例子，比如一座城市有 167,37,700 人，这是登记时的详细数字。在平时的聊天中，我们是不会说得如此具体的，我们一般会说这座城市有1674万人。我们再来看看这个数据省略掉了什么，就是‘7700’，千位上是‘7’，用四舍五入法就归入到万位，于是我们就得到了1674万这个大概的数字。”

“狄老师，我还是觉得你这么说太复杂了。”既然大家都说话了，我也要刷一下存在感。

狄老师笑着问：“陶小乐，你觉得应该怎样说更简单呢？”

我略微想了想，大胆地说道：“如果按照四舍五入法，应该说这座城市大约有1700万人吧。”

狄老师点点头说：“对，这的确是我们平时最常用的表述方式。”

我很得意，其实我并不只根据狄老师所讲的四舍五入法，平时从电视里看新闻的时候，也经常听到这样的说法。留心处处皆学问嘛！

“老师，我们班一共有55人，就可以四舍五入为60人喽。”

窦晓豆的话音未落，胡聪聪立刻接了句：“多出来的5个人，你给藏起来了？”

“从四舍五入上来说，窦晓豆同学说得是对的。不过如果是小数目，四舍五入有些‘多此一举’，它的意义就在于对付那些一长串，甚至没有穷尽的数字。这时候，用四舍五入来个‘当机立断’，就显得格外重要了。”

“还有无穷无尽的数字吗？”狄老师的话再次引发同学们的议论。

“当然有了，这个问题我们以后会讲到。今天讲了这么多关于大数字的描述，现在来点轻松的。”狄老师的话刚一出口，同学们立刻沸腾起来。

“狄老师，你要讲什么好玩的故事？”

“马上要下课了，咱们就来点简单有趣的。”说着，狄老师的手一挥，黑板上出现了一串9×1到9×10的算式。

“这也太简单了。”“我们早就会了。”“这不就是九九乘法表里的吗？”同学们议论纷纷。

狄老师微笑着，示意大家肃静：“对，你们说得没错，这就是你们早就掌握的九九乘法表的一部分。不过虽然你们早就会背了，但是你们知道这一串数字得出的结果有什么奇妙的关系吗？”

大家你看看我，我看看你，是呀，虽然我们早就把九九乘法表背得滚瓜烂熟了，但还真不知道 9×1，9×2……9×10 之间有什么样的关系。

看到我们面面相觑，狄老师启发道：“你们把这些乘积依次竖着写下来，看看能发现什么。”

我们迅速地把答案依次写下来，当我写到 9 乘以 3 等于 27 时，我就有所察觉了，当写出 9 乘以 4 等于 36 时，我就完全明白了。

看到同学们脸上仿佛发现新大陆似的表情，狄老师笑着说：“这就是数字的魅力。死记硬背虽然也不失为一种学习方法，但如果能在其中发现有趣的

9×1=	09
9×2=	18
9×3=	27
9×4=	36
9×5=	45
9×6=	54
9×7=	63
9×8=	72
9×9=	81
9×10=	90

事情，是不是会让你有不同的感觉呢？”

我们都使劲地点头。说实话，当初背这个九九乘法表的时候，我真是没少费力气。如果当时我就能发现其中的奥妙，肯定不会背得那么辛苦。

“我们都知道阿拉伯数字是印度人发明的，它之所以被称为阿拉伯数字，是因为这种记数方式是通过阿拉伯商人传播到世界各地的。有着如此伟大发明的印度人，在数学方面也有着非常了不起的贡献。我们从小背的是九九乘法表，而印度人从小背的却是 19 乘 19 的乘法表。"

"哇!"同学们都非常吃惊,"他们好厉害呀。"

"是呀,虽然我们已经学过两位数乘以两位数的乘法了,但是大多还是用笔计算的。印度的小孩子却可以通过更简便的方法,心算出这些题目。"

"狄老师,您给我们讲讲呗。"我提议道,同学们也纷纷附和着。

"咱们用一个简单的例子讲一下印度人是如何快速解题的,如 13 乘以 12,用被乘数 13 加上乘数个位上的 2,得出 15,这是第一步;然后用 15 乘以 10,得出 150,这是第二步;第三步,用被乘数的个位数 3 乘以乘数的个位数 2,再用得出的 6 和之前两步得出的 150 相加,这就是 13 乘以 12 的答案。"

"这种方法听起来似乎有些麻烦,特别是对你们这些已经学过乘法计算的孩子。不过如果能够熟练运用,这种方法还是方便很多的。"狄老师说完,又一挥手,黑板上立刻出现了两道题:

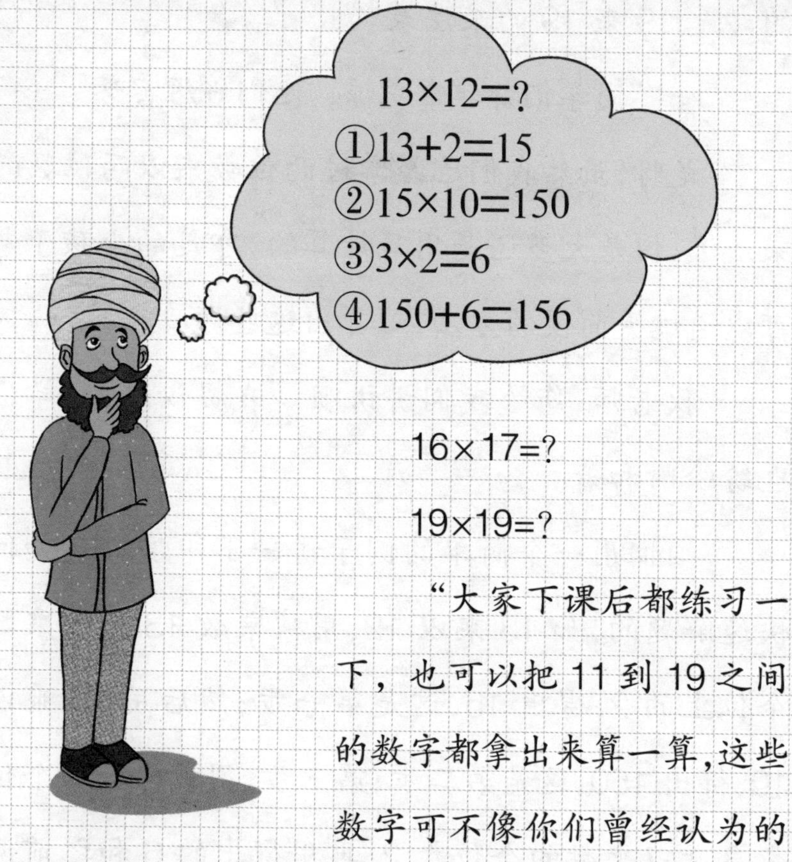

16×17=?

19×19=?

“大家下课后都练习一下，也可以把 11 到 19 之间的数字都拿出来算一算，这些数字可不像你们曾经认为的那样枯燥哦。”说着，狄老师还冲我们眨眨眼。

下课铃响了，我急忙在纸上演算起来。

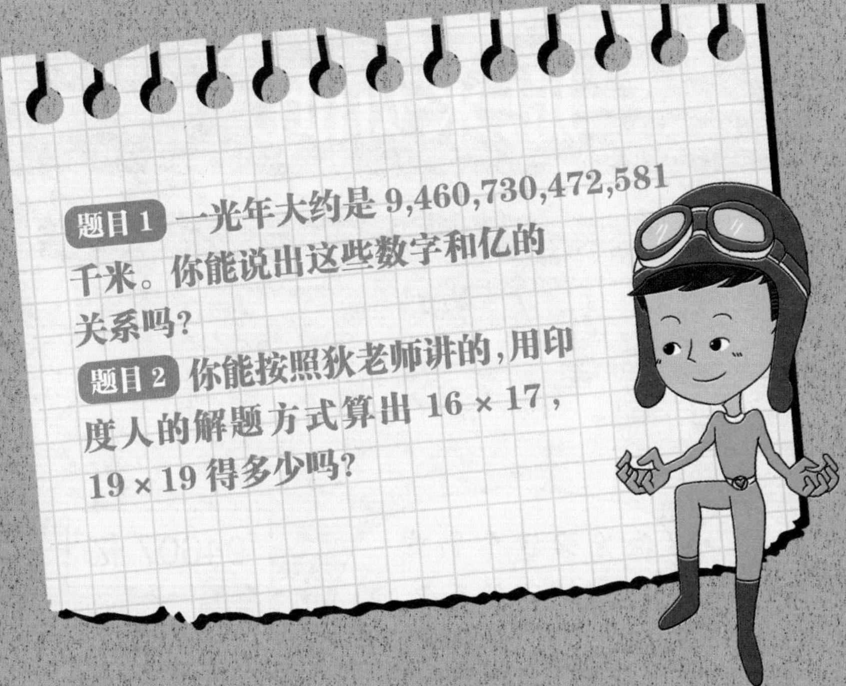
题目 1 一光年大约是 9,460,730,472,581 千米。你能说出这些数字和亿的关系吗?
题目 2 你能按照狄老师讲的,用印度人的解题方式算出 16 × 17, 19 × 19 得多少吗?

原来如此

题目1

9 4 6 0 7 3 0 4 7 2 5 8 1

7	3	0	4	7	2	5	8	1
亿	千万	百万	十万	万	千	百	十	个

94607 亿

题目2

16 × 17

16+7=23
23 × 10=230
6 × 7=42
230+42=272

272

19 × 19

19+9=28
28 × 10=280
9 × 9=81
280+81=361

361

第二章 被美人鱼拯救的我

除了天空之外，最令我们这些孩子着迷的就是大海了。天空的广阔，大海的神秘莫测，更能让我们产生无限遐想。

我之所以会忽然冒出这些想法，是因为狄老师送给我一个神奇的海螺，只要把它紧贴在耳朵上，就能听到大海的浪涛声。狄老师还对我说："人要有想象力，有想象力的人才会有创造力。"

当我闭上眼睛，将这个神奇的海螺紧贴在耳朵上时，不仅听到了海浪的声音，还感受到海风拂面的凉爽。空气中有一股淡淡的咸味，那就是海水的味道吧。

当我再次睁开眼睛时，我竟然真的站在了金黄色的沙滩上，海浪正轻轻地拍打着岸边，海水调皮地漫过我的脚踝。咦，在我脚边的东西是什么？我捡起来一看，原来是一个漂亮的贝壳。看，那边还有一个。没想到这里竟然有这么多漂亮的贝壳。

“陶小乐，你在干什么呢？”窦晓豆穿着泳裤跑了过来。

“我在捡贝壳呢。”

“这么多漂亮的贝壳呀，分给我一点吧。”

“等我多捡点，然后分给大家。”

“好啊，我和你一起捡，咱俩比赛看谁捡得多。”

“没问题。”我嘴上答应着，心里觉得这个比赛肯定是稳操胜券了。

眼看着小水桶里的贝壳越来越多，我忽然发现了一个个头很大的扇形贝壳。如果给这个贝壳的两侧画成直线，那么两条直线交叉后形成的角大概是 140°吧。我正想着，忽然从这个贝壳里传出一个轻轻的说话声：“请您把我送回大海里，好吗？”

我被吓了一跳，使劲揉了揉眼睛，眼前明明是

个扇形的贝壳呀,怎么可能会说话呢！是不是我听错了？

“请您把我送回大海吧。”果然是这个贝壳发出的声音,看来它不是一个普通的贝壳哦。

“陶小乐,你发什么呆呢？”不远处的窦晓豆看我蹲在这里一动不动,大声对我喊道。

“没什么。”我急忙把这个会说话的贝壳捡起来,朝着大海的方向走去,一直走到海水没过了我的腰部。我用尽全身的力气,使劲把贝壳扔了出去,看着它落入大海中。

“你去干什么了？”窦晓豆提着装满贝壳的小水桶跑到我面前,“来,咱们比一比,看看谁捡到的贝壳多吧。”

我先数了数窦晓豆捡到的贝壳,是136个,随后又开始数我捡到的贝壳,也是136个。这也太巧了吧！如果全班同学都来捡贝壳,每个人都捡到136个,那得捡多少个贝壳呀。

“哈哈，想什么呢？死党就是死党，连捡贝壳的数量都是这么‘不约而同’。走吧，我们到海里痛快地玩一会儿。”窦晓豆说完就拉着我向大海中跑去。

我们在靠近沙滩的海水里奔跑着、跳跃着、闹着、笑着，互相朝对方身上泼洒海水。海水进入嘴里，是一种又苦又涩的味道。

忽然，我觉得右小腿一阵疼痛，随后马上就疼得不能动弹，甚至身体的其他部位也不听使唤。这时恰好有一个大浪袭来，我的身体竟然不听大脑控制，一下子倒在海水里，被大浪裹挟着卷入大海中。我的意识里还残存着窦晓豆惊恐的呼喊声：“陶小乐！陶小乐！”

我无法控制自己的身体，只能任由海浪把我卷走……眼看我就无法正常呼吸了，忽然有一双手把我的身体托起来。我的脸露出了海面，可以正常地呼吸了！睁开眼睛的我看到了一条漂亮的小美人鱼。这一切是真的吗？我是不是在做梦？

我被小美人鱼轻轻地放在了沙滩上，迷迷糊糊中，我听到她在对我说话："你刚刚在沙滩上救了我，你是一个好人，好人是不应该无缘无故遇难的。"

这时，远处传来了窦晓豆焦急的呼喊声："陶小乐！陶小乐！"清醒过来的我想对那条小美人鱼表示感激之情，可是她却消失不见了。

正在我疑惑之际，窦晓豆已经跑到我身边，焦急地问道："陶小乐，你没事吧？刚才看到大浪把你卷走了，可把我给吓死了。你没事就好，没事就好……"

怎么这家伙竟然也学起叶小米的样子，变得眼泪汪汪了呢？那个小美人鱼，到底是我的梦，还是真的存在呢？

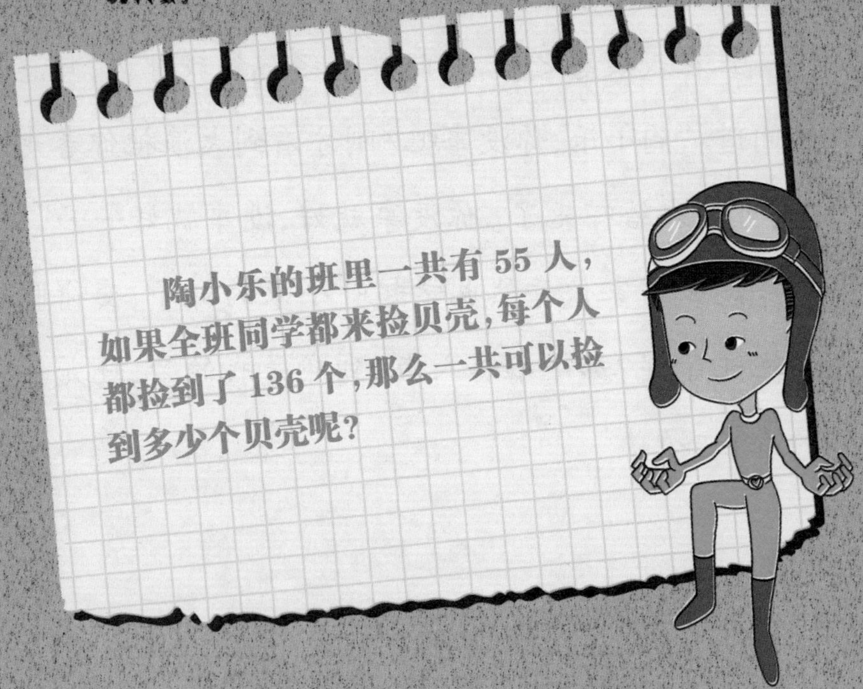
陶小乐的班里一共有55人，如果全班同学都来捡贝壳，每个人都捡到了136个，那么一共可以捡到多少个贝壳呢？

原来如此

136 × 55

```
    136
×    55
   1 3
-------
    680
   680
-------
   7480
```

我还发现

```
     55
×   136
      3
-------
    330
   165
   55
-------
   7480
```

第三章 来自海底的呼救

被海浪卷走，又莫名其妙地回到岸上的我，在窦晓豆无微不至的照料下，很快就恢复了常态。

关键时刻，真看出窦晓豆是我的好朋友了。他又是端饮料，又是送点心，还时不时地拉拉我的手。唉，如果窦晓豆在平时也能对我这么殷勤就好了。

我当然不可能就这么闲着了，看到海边有个潜水培训班，我想去报名。可是窦晓豆好像生怕我被大海吞噬掉似的，就是不让我去。不过我是谁呀，我可是陶小乐。在我的三寸不烂之舌的游说下，不仅报名成功，还让窦晓豆也跟着报了名。

或许大家觉得潜水是件很难的事情，其实潜水的初级班远没有想象中那么困难，我和窦晓豆学得都还算顺利。

我们正在浅海区练习潜水，忽然听到海里传来一阵阵呼救声："陶小乐，救救我！"这声音很耳熟，好像是我被大浪卷走时，那个救我的小美人鱼的声音！于是我不顾一切地朝发出声音的方向游去。

窦晓豆见我忽然游走，生怕我再发生意外，也急急地追了上来。

我们越游越远，那个声音也越来越远，最后彻底消失了。正在我不知所措的时候，眼前出现了一个长着鱼尾巴的老爷爷。看到老爷爷头上戴着一个王冠，我心里想：这该不会是救我的那个小美人鱼的爷爷吧？

"你是陶小乐吧。"咦？人鱼爷爷竟然知道我的名字。

我点点头。其实我很想说话，但是在潜水的时候要吸氧，想说话当然是不可能的了。

"你们可以自由讲话，我能听到。"人鱼爷爷说。

紧跟在我身后的窦晓豆听到人鱼爷爷的话，

吃惊地说:“我们能在水底说话吗?”结果我很清楚地听到了窦晓豆的声音。

“你是不是感到很奇怪,为什么我会知道你的名字？这是因为你之前救过我的小孙女的性命。”

“哦?难道刚才叫我来救命的,真的是小美人鱼?”

“是呀,可是她还是被海洋大盗绑架了!唉……”人鱼爷爷的眼泪忍不住流了下来。

“老爷爷,您先别难过了,快说说这到底是怎么回事吧。”

“唉,原本我们这片海域一直都是和平、强盛的,可是就在不久前,不知道从哪里来了四十个强盗,他们到处干坏事。都怪我,一时被这些强盗的表面奉承迷惑,没听我的小孙女的劝告,最后让这些家伙在海底王国的势力越来越强大。后来他们竟然提出要求,让我们把海底的所罗门宝藏交给他们。我们根本就不知道宝藏在什么地方,那只不过是我们海底王国的一个传说罢了。可是无论我们怎样解释,他们都不相信,认为我们在欺骗他们。今天,他们又向我讨要所罗门宝藏的所在地,竟然还抓走了我的小孙女。唉,这一切都是我的错,我这是姑息养奸。唉……”

“那我们能帮上什么忙呢?”我急忙追问道。

“这些海底大盗原本都生活在陆地上,后来得到了一些奇怪的法术,就能在海底肆意流窜了。不过我听说他们很害怕陆地上的孩子,特别是害怕陆地上

会算术的孩子。我们家族也不认识陆地上的小孩子，我的小孙女之前救过你的性命，虽然不知道你能不能帮上忙，但她在被抓走的时候，还是喊出了你的名字。到了现在这样关键的时刻，也只能请你助一臂之力了，唉……”

“您不要着急，我们一定会想办法救出小美人鱼的！”可是毕竟我们没有见过海底四十大盗，到底该如何对付他们呢？为了小美人鱼，我下决心一定要打

败海底四十大盗。

人鱼爷爷给我们指出了小美人鱼被掠走的地方，我和窦晓豆急忙追了过去，没想到却和一群奇怪的海底生物相遇了。虽然我一直都很喜欢小动物，但是面对从四面八方冲上来袭击我们的海底小怪兽，我和窦晓豆不得不全力应战。

经过 15 轮战斗，我击退了 690 个海底小怪兽，窦晓豆击退了 645 个海底小怪兽。我们俩平均每轮共击退了多少个海底小怪兽呢？我不禁在脑海里计算起来。

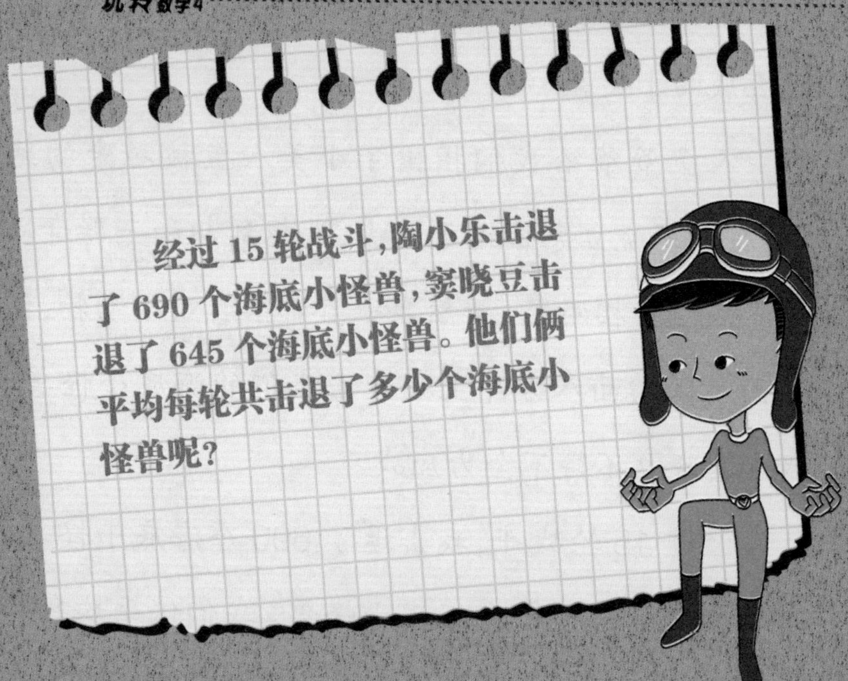

经过 15 轮战斗,陶小乐击退了 690 个海底小怪兽,窦晓豆击退了 645 个海底小怪兽。他们俩平均每轮共击退了多少个海底小怪兽呢?

原来如此

只要算一下下列式子，就知道答案了！

$690 \div 15$

$$\begin{array}{r} 46 \\ 15 \overline{)690} \\ 60 \\ \hline 90 \\ 90 \\ \hline 0 \end{array}$$

再来算一下！

$645 \div 15$

$$\begin{array}{r} 43 \\ 15 \overline{)645} \\ 60 \\ \hline 45 \\ 45 \\ \hline 0 \end{array}$$

46+43=89（个）

第四章 智斗海底大盗

虽然我们一次次地击退了海底小怪兽的进攻，但却很难抓住它们。我用眼神示意窦晓豆必须抓到一个，这样就可以通过审问，了解到小美人鱼的下落。最终，我和窦晓豆相互配合，成功捕获了一个章鱼外形的海底小怪兽。

"别伤害我！别伤害我！其实我们也是被海底四十大盗胁迫的，他们抓走了我们的家人。"被我们抓到的海底小怪兽连连求饶道。

"我们不会伤害你的，只要你告诉我们小美人鱼被关在哪里。"

"我真不知道小美人鱼的下落，不过我可以带你们去见海底四十大盗，只有他们才知道小美人鱼被关在什么地方。"

“那你就赶快带我们去找四十大盗吧。”窦晓豆说道。

我和窦晓豆在海底小怪兽的带领下，一路赶往四十大盗的所在地。游着游着，海底小怪兽忽然停了下来。

“怎么不走了？”我奇怪地问。

“前面有四十大盗布下的水母迷魂阵，如果贸然进入，很可能被那些有毒的水母蜇到，这是非常危险的。”

“我们能不能绕过去呢？”

“不能！因为这里原本就是一个宽 20 米的平行通道，通道两边涌动着危险的海流，如果不小心卷入这些海流，根本就出不来。我们只能从这个通道过去。”

“那可怎么办呢？”我的心里非常焦急。

“让我看看这些水母。哦，这是一种三角阵水母，虽然它们堵住了通道，但它们会自然形成一个个三角形。在每个三角形的水母阵之间会形成一定的空隙，足够我们钻过去。只要不惊动和触碰到这些水母，我们就能安全地通过。”

我们小心翼翼地在水母三角阵之间的狭窄通道来回游走，绕过了几个水母三角阵后，我们终于

通过了这些危险的水母群，继续向海底四十大盗的所在地前进。

又游了一段时间，那个被我们俘虏的海底小怪兽指着前面说："一直向前走，就是四十大盗的巢穴了。"说完，它就坚决不肯再向前走了。

海底小怪兽肯定是害怕四十大盗的打击报复。反正我们也快到地方了，于是就放它走了。

没游多远，我和窦晓豆就看到了一个海底石窟，看来这里就是四十大盗的巢穴了。我径直冲过去就砸起门来。

看见两个潜水的小孩子前来“拜访”，四十大盗的独眼头目不屑地说：“你们两个小孩子来我这里干什么？难道你们不知道我是大强盗吗？”

“我们找的就是你。赶快把小美人鱼放了！就算你把小美人鱼抓住不放，人鱼国王也根本不知道所罗门宝藏在哪里！”

“我才不信那个老狐狸的鬼话呢！你看看，这是小美人鱼随身佩戴的项链，明明就是所罗门宝藏中的宝贝。如果他们真的不知道这个宝藏的地址，怎么可能有这东西呢。”

“那你为什么不听听小美人鱼是怎么说的呢？这条项链或许是她在海底捡到的呢。”

“你以为我傻吗？我都问过她了，她说这是他们家族的宝贝！从这点就可以断定，他们明明知道这个

宝藏的位置，可就是不肯告诉我们。想要我们放了小美人鱼，就必须把宝藏的位置告诉我们，否则我们是绝对不会放了她的。”

这可怎么办呢？我的大脑飞速地运转着，忽然想起人鱼爷爷说过，这些海底大盗很怕人类中会算术的小孩，看来我只能利用这一点来想办法战胜这些强盗了。

“你能让我看看这条项链吗？或许这条项链中就藏着宝藏的秘密呢。”我这是缓兵之计，当然是为了争取时间想办法了。

四十大盗的独眼头目将信将疑地看着我说：“那就给你看看吧，不过你可别想耍花招，就你们这两个小鬼头，是打不过我们这些强盗的。”

“我们当然知道了。”窦晓豆见我想看看那条项链，虽然不知道我的用意，但也觉得有道理，就在一旁帮腔。

我接过项链，拿在手里仔细地研究着，发现那个项链的坠子是个奇特的三角形。再仔细看，在三角形坠子的两个角上闪烁出两个数字，一个是56°，一个是64°，剩下的那个角则没有闪烁的数字。

我忽然有了主意，于是对那个独眼头目说：“这个坠子上明明就标示了宝藏的位置，只要你说出第三个角是多少度，就会得到进一步的提示。你说说看，这个三角形坠子的一个角是56°,一个角是64°,那么第三个角是多少度呢?”

我的话刚说完,就见那些强盗一个个地捂着头,痛苦地说:“哎呀,你不要念咒语了,我的头好痛啊!”

我明白了,原来这些强盗都特别害怕数学,对他们来说,这些数学题就如同咒语一般。知道这个秘密后,我的胆子大了起来,这时发现坠子的第三个角也显现出了数字60°,中间还出现了几个字:说出答案。这难道是更厉害的咒语吗?我猜测着。不管了,既然这个项链只有到了我手中才显现出这些数字和文字,就一定是有原因的,于是我大胆地说出了答案:“60°。”

果然,那些强盗们的表情更加痛苦起来,一个个发出刺耳的哀号。

我和窦晓豆乘胜追击,继续说道:“你们40个人,如果有12个人是43岁,13个人是38岁,15个人是32岁，那么你们的年龄加起来是多少岁？你们的平均年龄又是多少岁呢？”

随着我将答案说出口，那些可怕的强盗们头疼得开始满地打滚，他们已经完全丧失了战斗力。我和窦晓豆轻松地把他们捆绑起来，然后找到了关押小美人鱼的地方，救出了她。

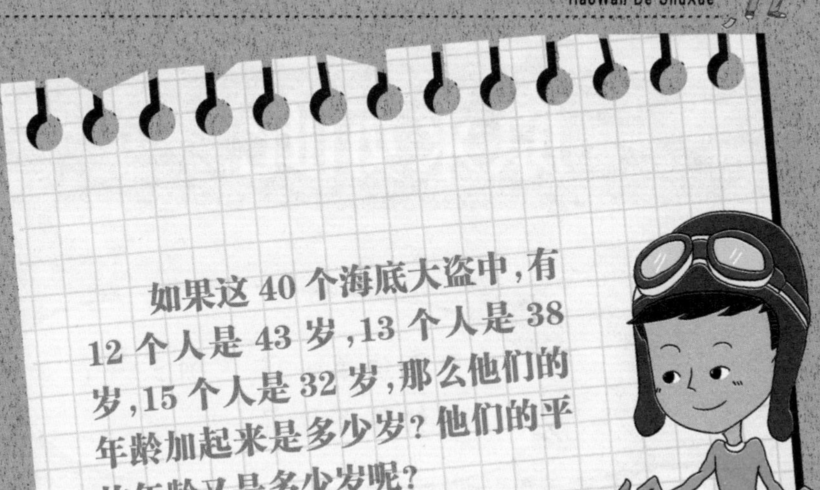

如果这40个海底大盗中，有12个人是43岁，13个人是38岁，15个人是32岁，那么他们的年龄加起来是多少岁？他们的平均年龄又是多少岁呢？

原来如此

$$43\times12+38\times13+32\times15$$
$$=516+494+480$$
$$=1010+480$$
$$=1490$$

1490 ÷ 40=37.25(岁)

最直接的方法
就是最简单的
方法！

第五章 找到所罗门宝藏

没想到数学竟然让我们轻松地打败了海底四十大盗,顺利地救回了小美人鱼。人鱼爷爷非常高兴,派人把已经失去反抗能力的四十大盗关押起来。为了防止这些强盗逃走,我还给人鱼爷爷写了好多数学题,并教他怎么念。这些可都是对付强盗们的秘密武器。有了这些数学题,人鱼家族就不必再害怕这些可恶的强盗了。

人鱼爷爷得到了我给他的“法宝”,高兴极了。为了感谢我们的帮助,整个海底王国为我和窦晓豆举办了一个超大的派对,我们又可以吃很多很多美味了。

不过有一件事我还是很在意,那就是小美人鱼那个奇异的项链。虽然人鱼爷爷认为所罗门宝藏一事只不过是个传说，但那个奇异项链的神奇之处，却又仿佛说明关于宝藏的传说并不是子虚乌有。我很好奇，于是又把那条项链从小美人鱼那里借来，仔细研究起来。

“到底有没有所罗门宝藏呢？”也许是听到了我的自言自语，那个坠子竟然发出了一闪一闪的光。不过这一次，坠子上并没有显示每个角的度数，而是出现了一些很小很小的点，这些点渐渐地变大，变成了一些小字。我睁大双眼仔细地看，只见上面写着：65100 只水母分成 210 组，其中 100 组守在海底王宫的前门，剩下的守在海底王宫的后门，请说出海底王宫的后门有多少只水母？

我迅速地计算起来，最后说出了“34100”这个答案。这时，坠子上出现了一个笑脸，随后又出现了一行小字：从王宫的后门出发，向北游 400 米后，再向东游 3000 米，再向北游 500 米，在那里找到一丛紫色的珊瑚后，会得到新的提示。

我急忙把从坠子上得到的最新信息告诉了窦晓豆，他听了之后很兴奋地说："这一定是关于所罗门宝藏的信息，我们快把这件事告诉人鱼爷爷吧。"

"还是先别告诉他们了，万一并不是和宝藏有关的事情，不是白白地让他们空欢喜一场。我们还是先去看看再说吧。"

趁着大家都在狂欢，我和窦晓豆悄悄地从王宫的后门溜了出去。按照坠子的提示，我们向北游了400 米，又向东游了 3000 米，之后又向北游了 500 米。那里有很多美丽的珊瑚，我和窦晓豆仔细寻找着，终于发现了一丛紫色的珊瑚。我们绕着紫色的珊瑚游了好几圈，没有发现任何提示。

"你们在找什么呢？"咦，珊瑚竟然说话了。我和窦晓豆惊讶地看着那丛紫色的珊瑚。这时，一条色彩斑斓的小鱼从紫色的珊瑚丛中游了出来，原来和我们说话的是这条鱼呀。

“是这个坠子指引我们来到这里的。”

“哦，看来你们就是获准进入宝藏的人喽？”听这条鱼的口气，看来宝藏的事情的确是真的。

“那你快告诉我们，宝藏到底在哪里？”窦晓豆掩饰不住兴奋，急忙问道。

“宝藏就在这里，不过宝藏的大门必须获得口令才能打开。”

“什么口令？”我急忙问那条鱼。

“一个菱形的两条对角线可以将菱形分成两个等腰三角形。如果第一个等腰三角形的底角是70°，请问另一个等腰三角形的底角是多少度？”

这道题并不难，我和窦晓豆比画了一番后，说出了正确答案。只见那丛紫珊瑚仿佛烟花一般绽放开，越来越大，随后出现了一扇紫色的大门，在我们面前缓缓打开。

窦晓豆兴奋得冲了进去，我也紧跟着进入了大门。哇！这里有数不尽的奇珍异宝，原来所罗门的宝藏真的存在。

“你们先别忙着高兴了，还是看看墙上的字吧。”那条色彩斑斓的鱼说。

我和窦晓豆急忙游到墙边，只见上面写着几行字：打开洞门者必须在规定时间内答出下面的题目，否则大门将在5分钟后关闭，永不再开。窦晓豆继续读道：“用大、中、小三种箱子装这里的宝物，大箱子能装450件，中箱子能装300件，小箱子能装

120 件。把所有宝物都装完，用了 18 个大箱子、40 个中箱子、90 个小箱子，请问这个宝藏中一共有多少件宝贝？”

啊！我们只有 2 分钟时间！我和窦晓豆急忙算起来。

题目 1 根据文中的内容，你能判断出海底王宫的正面是朝着什么方向吗？

题目 2 一个菱形的两条对角线可以将菱形分成两个等腰三角形。如果第一个等腰三角形的底角是 70°，请问另一个等腰三角形的底角是多少度？

题目 3 用大、中、小三种箱子装宝物，大箱子能装 450 件，中箱子能装 300 件，小箱子能装 120 件。把所有宝物都装完，用了 18 个大箱子、40 个中箱子、90 个小箱子，请问这个宝藏中一共有多少件宝贝？

原来如此

题目 1

N
S
500
3000
东
北
400
王宫

王宫的正面朝向南方。

题目 2

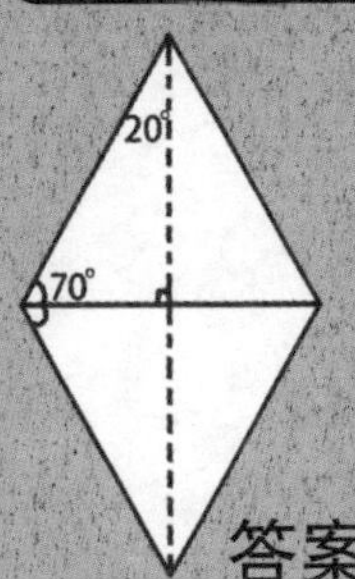

答案也是 70°哦！

题目 3

$450 \times 18+300 \times 40+120 \times 90$
$=8100+12000+10800$
$=30900$(件)

第六章 叶小米的烦恼

我怎么就不长记性呢？明知道惹不起的人，还要惹……

在我们班，我惹不起两个人，一个是简彤简大小姐，另外一个就是爱哭鬼叶小米。平时我总是尽量小心，别让自己惹到她们两个，可是今天竟然一次就惹到了她们俩。我这不是给自己找了个大麻烦吗？

今天上体育课时，我们班的体育老师和五年级的体育老师组织了一场小型的足球友谊赛，没想到我们班竟然赢了。要知道他们可是五年级的学生呢。最重要的是，其中有两个球都是我踢进的，我的心情那叫一个爽。

回教室的时候，我在走廊里看到了简彤和叶小米，她们俩正凑在一起小声地嘀咕着什么。被胜利冲昏头脑的我，得意忘形地把头探到她们俩面前，冷不丁来了一句："说什么呢？"不仅叶小米吓得直叫，就连简彤也被我吓着了。

这下可好，一边是眼泪汪汪的叶小米，一边是简彤劈头盖脸的一通训斥，刚刚我还是个在足球场上带领同学战胜高年级的"球星"，现在就不得不给

两位大小姐赔笑脸了。

“对不起！对不起！”我连连说。

“说对不起就没事了？那不是太便宜你了吗？”简彤不依不饶。

“那你说我该怎么办呢？”

“放学后跟我们走吧。叶小米需要帮助，我们正愁人手不够呢。你这也算是主动帮忙啦。”

简彤这丫头也太会使唤人了。因为今天赢得了足球比赛的胜利，我们三剑客格外兴奋，比赛结束后就约好放学后一起去玩球呢。反正是放学后的事，到时候我就趁机溜走，不让她们抓到我，嘿嘿！等明天再见面的时候，这事就过期作废了。到时候，大不了让简彤再啰唆一通就是了。

一走进教室，我就偷偷地告诉窦晓豆和胡聪聪，让他们俩放学后掩护我溜走。他们俩信誓旦旦地保证：“没问题！”嘿嘿，这不就妥了。

眼看最后一堂课就要结束了，我提前就把书包收拾得差不多了。铃声一响，我迅速将书桌上的书本和文具盒装进书包，然后在窦晓豆和胡聪聪的“掩护”下，一路小跑，逃离出教室。哈哈，看你简彤能拿我怎么办。

我乐颠颠地故意绕着路走，心想这次肯定能成功地逃脱简彤的“魔爪”。我不禁得意地开始哼起歌来。

“陶小乐，你说话不算数，还想偷偷溜走。你还是不是男生？”

完蛋了，真是人算不如天算，我在一个拐角处被简彤和叶小米撞上了。“我哪有呀……”我心虚地为自己辩解道。

“你不用废话了，快跟我们走吧。”说完，简彤拉起我就走，没想到一旁的叶小米又哭了。我又没和简彤吵架，她哭什么呀。

我被简彤拉着来到了一家宠物医院的门口。“我们为什么来这里呀？”我胆怯地问道。

“给你打疫苗。”简彤不怀好意地冲我坏笑着说。

“啊？不会是来真的吧！”

“不是的，是我家的嘟嘟住院了。最近我们家附近的好多小狗都生病了，本来今天我和邻居王奶奶约好要一起来接狗狗回家的，可是王奶奶的脚崴了，来不了，就请我帮忙把狗狗接回去。我一个人抱不了两条狗狗，于是就请叶小米帮忙。”简彤一脸难过地说。

奇怪了,明明是小狗生病了,怎么搞得跟她自己生病了似的?女生事可真多。

“那不是正好吗,你们俩就能把狗狗抱回去呀。为什么非要拖着我来呢?”

“谁让你随便探听别人的秘密，这不是一个好习惯。既然已经知道了,那就应该多出点力。”简彤霸道地说。

“算了算了,我知道了!我来帮忙抱小狗还不行吗!”我可不想再听简彤的连珠炮,也不想再看见叶小米哭起来没完没了的样子。

“早这样不就没这么多事了吗!”简彤伶牙俐齿,饶个人就那么难吗?

宠物医院里有好多狗狗在输液,看到这些小家伙眼泪汪汪的样子,怎么感觉跟叶小米似的。想到这里,我偷偷地乐了。

接待我们的护士姐姐耐心地给我们讲着小狗带回家后该注意些什么事情,什么不能吃,什么可以吃。护士姐姐说话的声音真好听，人也长得漂亮，大大的眼睛，长长的睫毛。我忽然发现，护士姐姐长得和布拉布拉小魔女有点像。

正在我想的入神的时候，另一个胖乎乎的、手里拿着一些纸的护士姐姐走过来，问这个漂亮姐姐："护士长，这个该怎么整理呀？"

原来漂亮姐姐是护士长啊。只见她看了看那些纸上的字说："把每年来我们医院就诊的大型犬和小型犬的数量分别画成图表的形式就可以了。"

我好奇地探过头去，只见纸上写着：2016 年来院就诊的大型犬是 560 犬次，小型犬是 896 犬次；2015 年来院就诊的大型犬是 537 犬次，小型犬是 890 犬次……

我正看得认真呢，身上却挨了简彤一记拳头："不长记性！又在打探别人的秘密呢？"

我捂着胸口，假装很疼的样子说："哪有呀。我只是想帮胖姐姐做这个统计表。"

“小朋友，你能做这个？那就请你帮帮忙，好吗？”胖姐姐丝毫不介意我这样称呼她，反而还认真地把那些纸递到我面前。我看了一眼身旁的简彤，她正抱着胳膊站在那里，一副“我可不管”的架势。哼，做就做，有什么了不起的，这又不是没学过。

2012 年来院就诊的大型犬是 515 犬次，小型犬是 826 犬次；2013 年来院就诊的大型犬是 502 犬次，小型犬是 841 犬次；2014年来院就诊的大型犬是 520 犬次，小型犬是 845 犬次；2015 年来院就诊的大型犬是 537 犬次，小型犬是 890 犬次；2016 年来院就诊的大型犬是 560 犬次，小型犬是 896 犬次。根据这些数据，你能做出一个统计图吗？

原来如此

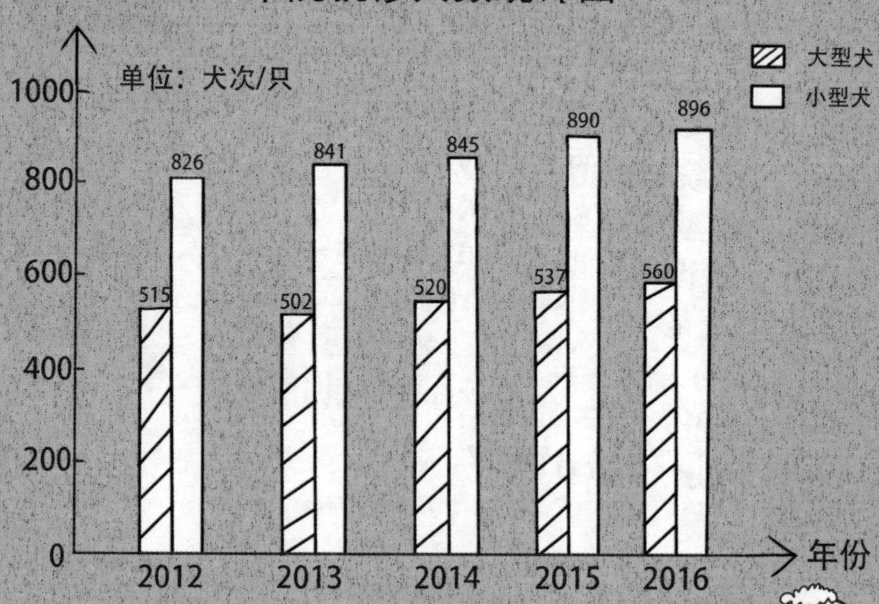

我可不认为制作统计图很简单！

只要找到适合自己的方法，就是最简单的方法！

第七章 “超级三剑客”的快乐星期天

又到周末了，本来我想约窦晓豆和胡聪聪一起出去玩的，没想到胡聪聪整个周末都要去姥姥家，看来只有我和窦晓豆了。结果到了周六，窦晓豆这家伙竟然有“突发事件”，大清早就给我打电话，说他也要去姥姥家。既然他们都去姥姥家，那我干脆也去姥姥家得了，我也有两个星期没看到姥姥了。

好在窦晓豆并没有在姥姥家过夜，我自然也没在姥姥家过夜，因为舅舅家的小弟弟实在是有点闹。这样一来，我和窦晓豆又一次约好星期天一起出去玩。

不记得从什么时候起，爸爸不再叫我们“三个小淘气”了，而是叫我们“三剑客”。爸爸有多少学问，我说不清楚，但是爸爸的确读过很多书，他也给我讲过《三剑客》的故事，里面的达达尼昂重情重义、机智勇敢，是我的偶像哦。

我和窦晓豆原本只是想在家附近的公园找点乐子，可是就在我准备出门时，爸爸神秘兮兮地对我眨眨眼说："我也加入你们三剑客，愿不愿意呀？"

哈哈，原来爸爸今天要带着我们一起玩，我当然愿意了。有爸爸在，我们就不用"委屈"地在那个早已玩腻了的免费公园里瞎转悠了。最重要的一点就是爸爸可是大人，大人的优势就是能给我们买好吃的东西。

于是，由爸爸加入的"超级三剑客"，一起出发来到了儿童乐园。这里有好多好玩的游乐设施，我和窦晓豆还一起玩了儿童乐园中的3D游乐项目。戴上3D眼镜的我们仿佛置身于一个神奇的世界，远古时代的恐龙、遥远距离的星球都呈现在眼前，活灵活现。3D世界带给我们的既有惊喜，又有惊吓，这种身临其境的感觉让我们玩得不亦乐乎。

3D 眼镜带给我们的惊喜和刺激还不止这些。这里还有一项特别的游乐项目，戴上 3D 眼镜后，就可以根据按钮选择比赛项目。我和窦晓豆按下了“划船比赛”的按钮，要知道现在已经快到冬天了，在这个季节划船，那可不仅仅是刺激，还有种反季节的新奇。

这个游戏设置得非常逼真，让我们忘记现在是

什么季节了。我们仿佛身处盛夏之中,在“水面”上驾驶着小船“乘风破浪”。我和窦晓豆决定好好儿地比试比试。我们并没有选择多人混合比赛的项目,因为我们对其他人都不了解,也不知道会是什么结果,所以我们就选择了我们两人之间的较量。其实谁输谁赢都无所谓,我们俩甚至没有记录谁赢的次数多,谁赢的次数少,反正玩得高兴就好。

玩累了,我们就跟着爸爸吃点心,喝饮料。这时候,爸爸问我们想不想听故事。一边喝饮料,一边吃

点心，一边听故事，这待遇真是太好了。

“中国古代的时候……”

爸爸刚说到这里，玩得兴奋的我忍不住插嘴道：“老爸，你是不是又要来‘很久很久以前’那个套路了？”

爸爸笑着说：“如果我说这是春秋战国时候的事情，你能说出具体的时间吗？”我吐了吐舌头，假装刚才什么都没有说过。

“你们都知道《孙子兵法》吧？”嘿！老爸竟然真的不提“很久很久以前”了。

“当然知道！不，不，是当然听说过了。”窦晓豆回答得倒是利索。

“嗯，那我今天就给你们讲一个和《孙子兵法》的作者孙武有着密切关系的一个人，他的名字叫孙膑。”爸爸看了看我和窦晓豆，继续说道，“话说当年齐国的大将田忌总是和国君齐威王赛马，可是每次他都会输掉比赛。田忌也总是觉得自己很冤枉，因为齐威王是一国之君，自然拥有全国上下最好的马匹了。所以无论用上等马、中等马还是下等马比试，他都必输无疑。一次比赛过后，田忌又输了。沮丧的他准备回家，这时他的好朋友孙膑说他刚刚看了田忌和齐威王之间的比赛，其实他们的马匹速度差不了多少。刚刚输了比赛的田忌很生气，觉得孙膑在嘲笑他。孙膑说他误会了自己，他让田忌用现有的马匹再跟齐威王比试一次，他肯定能让田忌赢。听说能赢得比赛，田忌立刻来了精神。不过这怎么可能呢？孙膑看出田忌的疑虑，就让他按照他的说法去做，肯定会赢得比赛。”

爸爸讲到这里忽然停住了，看着我和窦晓豆说：“你们觉得孙膑到底采用了什么方法，让田忌战胜了齐威王呢？”

孙膑到底采用了什么方法，让田忌战胜了每个等级的马都超过他的马的齐威王呢？

原来如此

田忌在比赛的时候，调换了马的出场次序。他用自己的上等马和齐威王的中等马比赛，用自己的中等马和齐威王的下等马比赛，用自己的下等马和齐威王的上等马比赛。这样看起来，田忌的下等马是必输无疑了，但是他的上等马却战胜了齐威王的中等马，中等马却战胜了齐威王的下等马。如此一来，三局比赛输了一局，这不就是三局两胜吗！

如果你是个守规矩的孩子，一定会选择这样的出场顺序！

	齐 王	田 忌	胜出者
第一场	上等马	上等马	齐王
第二场	中等马	中等马	齐王
第三场	下等马	下等马	齐王

聪明的你一定会有如下选择！

	齐 王	田 忌	胜出者
第一场	上等马	下等马	齐王
第二场	中等马	上等马	田忌
第三场	下等马	中等马	田忌

三局两胜，田忌在孙膑的指导下，终于摆脱了失败的局面！

第八章 女巫和魔笛

寒假还没有结束，我除了和窦晓豆、胡聪聪经常见面外，到目前为止，还没有和狄老师见过面呢。我有些想念狄老师了，思念之余，一口气把所有的数学寒假作业都做完了。

爸爸妈妈都去上班了，我昨天刚和窦晓豆、胡聪聪见过面，他们一个说要去姥姥家，一个说要去奶奶家，看来我只能自己玩了。玩点什么呢？不知道怎么搞得，我今天似乎对任何事情都没有兴致，这是不是就是所谓的“百无聊赖”呢？

正在我觉得无聊的时候，有几只小虫子始终在我面前转来转去。好奇怪呀，现在正是冬季，这个季节怎么会有小虫子呢？我用手驱赶着，可是这几只小虫子就是赖着不走。仔细瞧瞧，这几只小虫子的样子也很奇怪，它们既不是苍蝇，也不是蚊子，更不是蝴蝶和蜜蜂。

这到底是什么虫子呢？我有些好奇。

“我们是瞌睡虫。”想不到这几只小虫子竟然会说话。就在我吃惊地长大了嘴巴的时候，其中一只瞌睡虫趁机飞进了我的鼻孔里。我立刻打了个哈欠，感觉上眼皮开始向下眼皮靠拢，脑袋晕晕乎乎的，就趴在了桌子上。

“喂，陶小乐。大白天的，你怎么就趴在这里睡觉了？”耳边响起一个熟悉的声音。我睁开眼睛一看，和我说话的人正是布拉布拉小魔女。我高兴得跳起来，所有困意和无聊全都跑光了。

“布拉布拉小魔女，见到你真是太好了。大脚鲍比好吗？小松鼠好吗？飞天超好吗？”我一口气问了一连串我能马上想到的问题，听起来是不是有点傻啊？嘿嘿，因为我实在是太想念他们了！

“不好！”布拉布拉小魔女一脸严肃，她说话永远

都是这么直截了当。

“他们怎么了？”我着急地问。

“飞天超遇到麻烦了！大脚鲍比居住的森林中来了一个心狠手辣的女巫，她竟然要拿森林中的小动物做试验来配制丹药。飞天超得到消息后，立刻赶去阻止她，可是在和她交手的过程中，不慎中了女巫的剧毒。经过我们的及时施救，飞天超现在已经没有生命危险了，但始终昏迷不醒。虽然我的法力可以打败女巫，但是女巫始终不肯交出解药。女巫还提出条件，只有人类的孩子战胜她，她才会交出解药。”

“啊！连飞天超都中了她的剧毒，人类的小孩怎么可能是她的对手呢。”

“是啊，所以她才会提出这样的条件，因为她觉得没有一个人类的小孩能够战胜她。”

真是个狠毒的女巫，她这不明摆着要害死飞天超吗！不行，为了飞天超，我也要试一试。“布拉布拉小魔女，我跟你走。我一定要战胜这个女巫，得到解药，把飞天超救回来！”我非常坚定地说出了每一个字。

事不宜迟，我和布拉布拉小魔女飞向了大脚鲍比所在的森林。

在布拉布拉小魔女的带领下，我们降落在森林中一间古怪的房子前。布拉布拉小魔女严肃地对我说：“现在只能你自己进去了，按照女巫的要求，必须要人类的孩子自己来完成和她的较量，这样她才肯交出解药。”

我虽然有点紧张，但看着布拉布拉小魔女期待的目光，想着还在昏迷中的飞天超，我毅然决然地点点头，勇敢地走向女巫的房子。

女巫的房子里充满了诡异和阴森的气息，屋子里弥漫着刺鼻的药水味。墙上挂着密密麻麻的蜘蛛网，其中一张最大的蜘蛛网上，有一只巨大的、面容丑陋的蜘蛛，正在享用着被网住的小昆虫。

女巫斜着眼上下打量着我，冷笑一声道：“嗯，

很好，果然是个人类的小孩子。你上几年级了？”

不是让我来较量的吗，干吗问我上几年级了？虽然疑惑，但我还是壮着胆子说：“上四年级了。”

“好！那你已经会做加减法了吧。”

“当然了。乘法除法也会做。”

“哦？”女巫依旧斜着眼上下打量着我，脸上露出一丝诡异的笑容，看起来让人浑身不舒服，“这样说来，如果我出一些加减乘除的数学题，你都能应付了？”

尽管女巫的目光和笑容让我浑身上下都很不

自在，但是为了飞天超和森林中的小动物，我还是挺了挺胸脯，自信地说："没问题。"

"好！我就喜欢你这样爽快的小孩！那我就给你出一道简单的数学题，不过如果你回答错了，不仅得不到医治飞天超的解药，还要留下来乖乖地做我的试验品。嘿嘿，森林里的小动物好找，小孩子可不多见。我还真要谢谢布拉布拉小魔女呢，竟然给我送来了这么好的货色。"

女巫的话让我有些紧张起来，原来这个可恶的女巫竟然还打着这样的坏主意呢。难道布拉布拉小魔女也上了她的当吗？

"你现在害怕也没有退路了，因为你已经在我的手心了。哈哈！"

"我才不害怕呢，你快出题吧。"既然我已经没有退路了，那就只能勇往直前。

"看这里。"女巫指了指那张最大的蜘蛛网，只见那只丑陋的大蜘蛛竟然飞速地在蜘蛛网上吐出一道数学题来：$(72-4)\times6\div3=$?这道数学题可真奇怪，和我以前做过的都不一样。这里不仅有减法，还有乘除和括号。

“哈哈哈，小鬼，你不是说加减乘除都会算吗，

现在怎么发起呆来了？我看你还是乖乖地投降，留在这里给我当试验品吧。哈哈哈……”

女巫刺耳的笑声让我心头一紧，我该怎么办呢？如果我贸然回答，万一说错了答案，不仅我要留在这里，飞天超怎么办？森林里的小动物怎么办？

女巫的笑声一阵高过一阵，我仿佛身陷一张巨大的蜘蛛网中，这张网还在不断地收紧。我的呼吸变得急促起来，头也有些眩晕。就在这时，耳边传来一阵悦耳的笛声，那一个个美妙的音符，让我的心情变得舒畅起来。

这美妙的音乐中似乎隐藏着什么。听，有一个非常非常轻的声音，伴着笛声在歌唱着："谁有优先权？乘有优先权。谁有优先权？除有优先权。有加有减有乘除，加减退让乘除先。乘除得意向前走，不让加减搬救兵！括号虽小用处大，优先通行就靠它。哎哟哟，哎哟哟，救兵就是小括号，谁有谁就先向前！"

这优美的笛声和歌词让我的心情完全平静下来，我悄悄地看了看女巫，生怕女巫对笛声起疑心。可是女巫似乎一点反应都没有，难道她根本就没有听到这笛声和歌声？我也顾不得多想，只是在心中细细地研究着这些奇妙的歌词。歌词明明就是在说加减乘除，那个“优先权”应该就是解题的步骤。也就是说，女巫出的这道既有加减又有乘除的算式，应该先算乘除。如果还有括号，就应该先算括号里的。

我茅塞顿开，豁然开朗。胜败在此一举了！我先把括号中的72减4算出来，得68，68再乘以6，得408，最后再用408除以3，那就是136。

我虽然大声地说出了“136”这个数字，但心里还是很紧张，不知道自己对笛声和歌词的理解是否准确。但是当我看到女巫脸上得意的笑容瞬间消失，转而露出惊诧的表情时，一颗悬着的心终于放下了，我知道自己答对了。哈哈，既然我的理解是正确的，那么即便女巫出再多这样的题目，我都不害怕了。

“别得意。下一道题，你就没有这么幸运了！”

听了女巫的话，我更加确定刚刚的笛声和歌声只有我才能听到。知道有人在暗中帮我，我再也不害怕面前的女巫了，我大声对女巫说：“好啊，那就让我们进行最后的决战吧。”

“好，那就让我们一题定乾坤。听好了，我抓了很多很多小兔子，它们一共有 184 条腿。我还抓了 37 只松鼠和一些小鸟，小鸟的数量是松鼠的 11 倍，后来又有 56 只小鸟飞走了，请问我一共抓了多少只小动物？现在，被抓的小动物还剩下多少？”

尽管女巫的问题听起来很复杂，但是我刚刚已经掌握了同时计算加减乘除的秘诀，只要我认真列出算式，保证计算上不出错，就一定会得出正确答案。果然，当我说出答案后，女巫的脸开始扭曲和模糊起来。随着一阵狂风平地而起，女巫和女巫的房子都消失了。

“解药！给我解药呀！”明明我都回答出问题了，可是却没有得到解药，我的心里难过极了。这时候，笛声再次响起，我顺着笛声走过去，看到了一个熟悉的背影，他穿着魔术师的服装，正站在河边吹着笛子。原来是狄老师在暗中帮助我呀。

我急急忙忙跑过去，难过地说：“狄老师，我没有拿到救治飞天超的解药……”后面的话，我竟然哽咽得说不出来了。

狄老师放下手中的笛子，抚摸着我的头说："只要女巫消失了，她的所有魔法也就自然而然地消失了。你看，那不是飞天超和布拉布拉小魔女他们吗？"

顺着狄老师所指的方向，我果然看到了我的好朋友们。

女巫抓了很多很多小兔子，它们一共有 184 条腿。女巫还抓了 37 只松鼠和一些小鸟，小鸟的数量是松鼠的 11 倍，后来又有 56只小鸟飞走了，请问女巫一共抓了多少只小动物？现在，被抓的小动物还剩下多少？

原来如此

184

4

37

37

11

46

$184\div4+37+37\times11$
$=46+37+407$
=490(只)

490−56=434(只)

加减乘除顺口溜

谁有优先权？乘有优先权。
谁有优先权？除有优先权。
有加有减有乘除，加减退让乘除先。
乘除得意向前走，不让加减搬救兵！
括号虽小用处大，优先通行就靠它。
哎哟哟，哎哟哟，
救兵就是小括号，谁有谁就先向前！

第九章 当足球遭遇滑板

那天和妈妈去逛商场的时候，我发现距离我们小区不远的地方，新建了一个公共运动广场。之前那里一直在施工，原来是建广场呀。我们三剑客又多了一个玩耍的好去处。

在周五放学的路上，我和窦晓豆、胡聪聪提议，周六到那里去踢足球。一听说有个宽敞的地方踢球，他们俩顿时就来了精神。

为了节省时间，我们决定在周六上午9:30集合，大家分别从自己家出发。我费了好半天口舌，可是这两个笨家伙竟然还是没有搞懂走哪条路更近些。没办法，我只好亲自画了张地图，标明我们家和运动广场的位置。根据我家的方位判断，学校在我家的北面偏西，因为家里每天日照最多的房间背对着学校的方向。我家正北面800米左右，是一座电影院，而那个运动广场差不多就在我家东北方向700到800米之间。我在地图上标明了胡聪聪家和窦晓豆家的位置，还标注了学校的位置作为参考。

画完地图后，我心里有点得意，觉得学到的东西终于有了用武之地。万事大吉，只等着第二天痛痛快快地大玩一场了。

第二天早上9点，我抱着足球从家里出发了。男子汉要说话算话，不能迟到。之所以选择这个时间，是因为广场上晨练的人都走了，我们正好可以好好儿地踢一会儿足球。他们俩还没到呢，我先自己练习

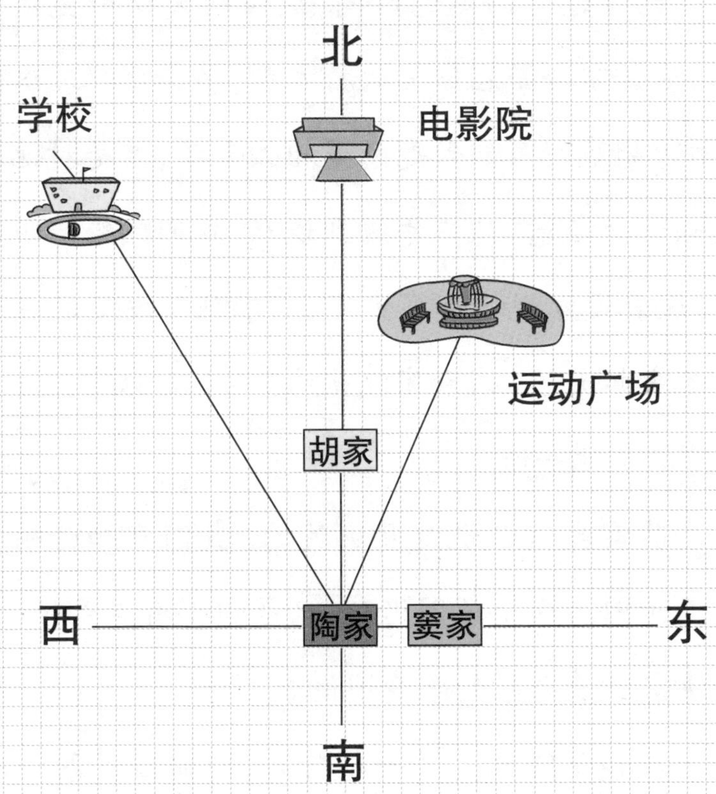

头球吧！

“嗨！你小子还挺厉害的！”正当我一连顶了好几个头球的时候，窦晓豆来了。我们天天见面，根本用不着客气，就先开始玩起来。我们俩一个带球，一个防守，玩得不亦乐乎。

已经过了约定的时间，这位胡大少爷竟然还没到。他该不会是在家里收拾发型，早忘记踢球这件事了吧？胡聪聪虽然做题总是粗心大意，但是对他的头发却十分在意。从一年级到现在，我们已经认识四年了，还真没发现他有多大变化，唯独对发型的在意程度越来越大了。我和窦晓豆总是时不时地拿他爱臭美这事揶揄他一通。

其实我这么说是开玩笑的。我们都知道胡聪聪不至于因为这个原因迟到，只是觉得有点奇怪，于是就决定顺着来时的路迎迎他。

我和窦晓豆走了一段路后，迎面碰见两个玩滑板的大哥哥。他们看见我们，主动打招呼说："小朋友，你们知道这附近新建的运动广场怎么走吗？"

"嘿，当然知道了，我们刚从那里过来。"窦晓豆的嘴巴倒是快，他一转身就朝我们来时的路指去，"朝那边走。"

"咦？不是那边吗？"其中一个大哥哥指着我们

学校的方向说。

“不会错的，我们刚刚从那里过来，而且一会儿找到朋友后，我们还会去那里踢球呢。”我对那两个大哥哥说。

两个大哥哥对我们说了声“谢谢”后，就朝着运动广场的方向走了。我听到其中一个大哥哥说：“刚才那个小孩怎么告诉我们朝那边走呀？害得我们浪费了半天时间……”

我和窦晓豆听到这半句话，总觉得有点怪怪的。我们对望了一下，不约而同地大声说道：“胡聪聪！”

“叫我干什么？”说曹操，曹操就到。胡聪聪气喘吁吁地跑了过来。

“叫你干什么？让我猜猜，你是不是走错方向了？”窦晓豆一脸坏笑地看着胡聪聪。

“你怎么知道的？”胡聪聪边说，边擦着额头上的汗。

“我们不仅知道你走错路了，还知道你给两个大哥哥也指错路了呢。”我直接来了个“神补刀”。

“你们连这都知道！”

“是呀，那两个大哥哥非常生气，正打算找你算账呢。”窦晓豆继续再“补刀”。

“啊?我也不是故意的,我自己还瞎转悠了半天呢。”胡聪聪委屈地说。

“我昨天给你画的地图呢?”

“别提了,换衣服忘带了。我又不想回家取,怕耽误时间,就凭着昨天的记忆找去了,结果耽误到现在。”

“不错呀,凭着记忆,最后还是找过来了。”窦晓豆揶揄道。

“唉,我是问了一位晨练回来的老大爷,才朝这边走来的。”

我和窦晓豆无言以对,这个胡聪聪真是笨到让人没话说。我们三人朝运动广场走去,远远地看见那两个大哥哥正在那里玩滑板。胡聪聪有点紧张地拉住我和窦晓豆说:“咱们还是换个地方玩吧。”

“为什么?”窦晓豆明知道胡聪聪的意思,却还是故意逗他。

“那两个大哥哥就是被我指错路的！”胡聪聪说出了心里的担忧。

看他那副窘迫的样子，我和窦晓豆都忍不住哈哈大笑起来。我推了胡聪聪一下：“瞧你那副德行。如果觉得对不起人家，去道个歉不就完了，为什么要躲呀，你又不是故意的。”

“他是怕大哥哥揍他吧。”窦晓豆还是不依不饶地逗着胡聪聪。

“你别逗他了。我看那两个大哥哥人不错，刚才向我们问路的时候也很有礼貌，他们不至于那么小气的。”我和窦晓豆不容分说，一左一右地拉着胡聪聪进了广场。

果然，那两个大哥哥听了胡聪聪的道歉后，也忍不住笑了起来，而且他们还提出要教我们玩滑板呢。

今天的运动广场真是没白来，不过玩滑板还真有一定的难度。在我们连摔了几跤后，大哥哥说：

“还是算了吧，你们初学，不带护具太危险了。我们还是一起踢足球吧，你们三个算一队，我们俩算一队，怎么样？”

嗯，这个提议也很棒。能和高手踢球，我们当然开心了。

痛痛快快地踢了半天球，我们一起坐在广场边休息。一个大哥哥笑着对胡聪聪说：“既然你都指错路了，让我们白白地绕了一大圈，那我们也要给你出一道难题，看看你能不能答上来。狮子父子、老虎父子和豹子父子都准备过河，可是只有一条小船可以用来摆渡。虽然它们都会划船，但小船却只能同时坐下它们之中的任何两个，而且有一个重要的前提，就是一旦任何一个父亲不在身边，三个小家伙就会被其他野兽吃掉。你能不能想个办法，让它们都能安全地过河呢？”

同学们，你能想办法让狮子、老虎和豹子三对父子都安全地渡河吗？

原来如此

分别假设三对父子为①1、②2、③3，高的是父亲，矮的是孩子。

步骤	此岸	对岸
第一步 三对父子中的任何一对划船渡河，然后把孩子留下，父亲划船回来。	②2③3 1②2③3	①1 ①
第二步 两个孩子划船渡河，让其中任何一个再划船回来。因为回来的孩子有父亲在场，也就不会被其他野兽吃掉了。	1 2 3 1 2③3	① ② ③ ① ②
第三步 回来的孩子和父亲留下，让另外两个父亲一起划船渡河，这样就有两对父子在河对岸了。之后再让这两对父子中的任何一对划船回来。	③3 ①1 ③3	①1②2 ②2
第四步 让两个父亲划船渡河，然后由对岸那个有父亲陪同的孩子把船划回来，这样就成了父亲都在对岸、孩子都在这边的局面。	① ③ ① ② ③	1②2 3 1 2 3
第五步 三个孩子中的任何两个一起划船去对岸，随后再由留在河对岸的孩子的父亲把船划回来接自己的儿子，父子俩一同划船渡河。	③ ③3	①1②2 3 ①1②2 ①1②2③3

第十章 数学课堂大讨论

“今天我们来讲一讲加减乘除的计算方式。”数学课上，狄老师开门见山地说。

“我们先从地位平等的加法说起。这里有一杯水，再放上一杯水，就是两杯水。我们不会说先放在这里的水就有特殊地位，其实它们都是一样的。”狄老师的魔术总是那样神奇，随便挥挥手，就有东西出现在空中或者是桌子上。

“再比如我们班上有 55 名同学，女生有 22 名，男生有 33 名。无论是女生加上男生的人数，还是男生加上女生的人数，都是我们班人数的和。它们的次序虽然颠倒了，但是不会让我们班的总人数发生变化，这是大家都一目了然的常识。所以说，加法中所有加数的地位都是平等的，因此就有了加法的

‘交换律’。也就是说，无论是用第一杯水加上第二杯水，还是用第二杯水加上第一杯水，都是两杯水。”

“所以无论是男生人数加上女生人数，还是女生人数加上男生人数，都是我们班人数的和。”有同学模仿狄老师的口气说道。

同学们都忍不住笑起来，狄老师也微笑着点头说：“对，就是这个道理。正是这种平等的关系，让加法产生了另外一种特性，就是加法的‘结合律’。我们也可以按照座位的行数来计算人数，然后再把我们现有的四行书桌分别有多少人一一相加，最后得出的结果还是55人。我们班的人数并不会因为换了一种形式的相加而发生变化，就像我点你们的名字，无论是从名册开始依次点名，还是从中间开始，或者从最后开始，总是会点到你们每一个人的名字。”

“也有可能是56个人，万一把谁的名字点了两次呢。”窦晓豆调皮地说。

“窦晓豆这个问题不是数学问题，而是脑筋急转弯哦。”狄老师总是这么风趣，大家笑得更厉害了。

“如果我们班来了几个其他班的同学呢？”有同学问。

“嗯，这也是个好问题。很多同学觉得数学很枯燥，其实并不是这样，数学跟现实是紧密关联的。我们做数学题是有目的的，而且这个目的也很明确。比如刚刚这位同学提到的，如果有别的同学来到我们班，人数该怎么算的问题。想想我们为什么要计算人数呢？我们计算人数的目的是什么呢？是我们班有多少同学，重点在‘我们班’，这才是我们要知道的答案。如果把来我们班的其他班的同学算在内，那就不再是我们班一共有多少人的问题了。当你面对单纯的数字时，你看到的只是33或者是22，或者是55。而当你把33想象成为33个活泼的男孩子，把22想象为22个可爱的女孩子，你的感觉是不是不一样了呢？”

“这就是数学的魅力呀。”胡聪聪假装捋着胡子，还微微地点着头，模仿着老爷爷的声音和动作。教室里又是一阵欢快的笑声。

“狄老师，这么说，乘法的乘数和乘数之间也是平等的喽？”我忍不住问道。

“陶小乐说得很对。如果仅仅只有乘法一种计算形式，那么它们之间就是平等的关系。当然了，刚刚说的加法平等，也是说它们内部之间的关系。和加法一样，乘数，也就是因数和因数交换位置，计算结果不会发生任何变化。如果是两个以上的数相乘，无论是否按照顺序来，只要还是这几个数相乘，结果是不会变的。因此乘数之间的位置和次序也是可以交换的，这就是乘法的‘交换律’。”

“如果交换位置，比如我们是以买 5 箱饮料为目的来计算的，每瓶饮料的价格是 2 元，每箱饮料有 24 瓶。因为算的是钱数，我们就会把 2 放在第一位，2 乘以 24 再乘以 5。交换位置后，我们最后得出结果的单位却还是要写‘元’……”说到这里，我有点

不知道该怎么表达自己的意思了。

“我明白你的意思，这就是数学计算的意义和技巧。我们是以实际目的来计算的，但是当我们根据已知条件列出算式，也就是解决实际问题的方法时，我们所有的目的就都集中在如何能更快捷、更方便地解决问题，而不是拘泥于这些‘元’‘瓶’‘箱’的次序。对于你刚刚提到的问题，我们可以先列出算式，即2×24×5，然后按照这个顺序依次相乘，完成计算。不过当你仔细看看这个算式，就会发现，先用2乘以5得出10，再用这个10和24相乘，马上就得出了240这个数。这样一来，这道题计算起来是不是简单多了？这就是利用了乘法的‘交换律’带来的方便。”

我忽然想到上次和女巫斗法时听到的笛声和轻轻的歌声：“谁有优先权？乘有优先权。谁有优先权？除有优先权。有加有减有乘除，加减退让乘除先。乘除得意向前走，不让加减搬救兵！括号虽小用处大，优先通行就靠它。哎哟哟，哎哟哟，救兵就是小括号，谁有谁就先向前！”

“数学真有用呀。”胡聪聪又模仿起老爷爷捋胡子的动作。

“数学的作用远比你们想象的还要大呢。它能改变人的思维方式，让人的思想和行为更有逻辑性。如果你们喜爱数学，研究数学，将来就能体会到这些了。”狄老师意味深长地说。说来也奇怪，狄老师这么年轻，却知道这么多事情，我真是太佩服他了。

下课后，同学们还在继续讨论着狄老师的话。胡聪聪又在那里模仿老爷爷捋胡子的动作，压低声音说：“嗯，我们将来都会成为有逻辑的人呢。”

窦晓豆毫不客气地说：“你的逻辑就是南辕北辙，想去运动广场却到了学校吧。”

胡聪聪有点不好意思，但还是嘴硬：“南辕北辙怎么了？绕地球一圈，最后不还是到了吗！”

小眼镜扶了扶眼镜，打趣道：“还别说，胡聪聪

这回还真说对了。只是你这条路走得是不是太长了呀？”大家又一次哄堂大笑。

“你们还笑呢，还不赶快看看这个‘凹’字形建筑和这个‘凸’字形建筑的面积！”简形大小姐永远都是用命令的口气说话。不就是狄老师留给我们的作业吗，我们都记着呢。

简彤提醒同学们的数学作业题目是这样的：有两座建筑，一个是“凹”字形，另一个是“凸”字形。根据图上提供的信息，你能算出这两个建筑的面积吗？如果将这两个图形合起来，又会是什么形状呢？
30 米
30 米
30 米
60 米
100 米
40 米
30 米
30 米
30 米
100 米

原来如此

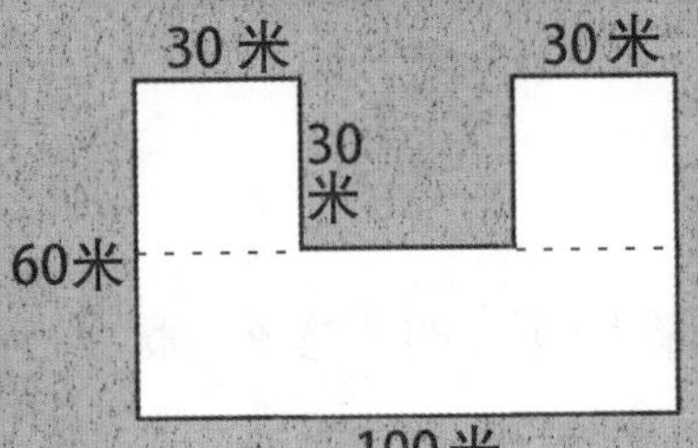

方法 1

分成 3 个图形，分别计算面积后求和。

$30\times30\times2+30\times100$

$=4800(米^2)$

方法 2

用 1 个大长方形的面积减去上面缺少图形的面积。

$100\times60-30\times(100-30-30)$

$=4800(米^2)$

方法 1

分成 2 个图形，分别计算面积后求和。

$30\times100+30\times40$

$=4200(米^2)$

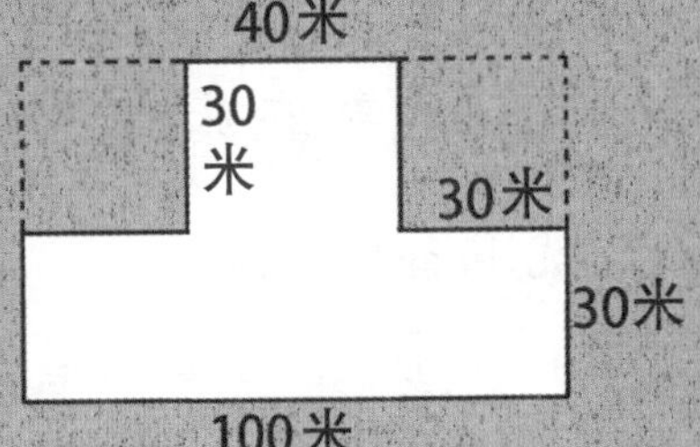

方法 2

用 1 个大图形减去缺少的两个图形的面积。

$100\times(30+30)-30\times30\times2=4200(米^2)$

两个图形合起来是一个长 100 米、宽 90 米的长方形！

第十一章　我的格列佛历险记

我最近看了一本很有趣的课外书，叫《格列佛游记》。书中的小人国和大人国发生了好多新奇有趣的事情，这让我很着迷。可是爸爸说我看的其实只是儿童绘本，有兴趣可以读读原著。即使是简单的绘本也让我爱不释手了，我还好奇地查了一下作者，原来是三百多年前出生的人呢。

我躺在床上，翻看了几页《格列佛游记》，然后就准备睡觉。

咦，我的身上怎么好像有风吹过？哎呀，还有好多蚊子在叮我。我想挥手赶走这些讨厌的蚊子，可是身体好像被绑住了。我急忙睁开眼睛一看，哪里有什么蚊子呀！原来我正躺在一片草地上，有好多很细很细的绳子绑住了我。到底是谁绑住我的呢？我

向四周看去，这一看还真让我吃惊不小，原来有好多很小很小的小人儿正朝我射箭，有些还冲着我不停地嚷嚷着。难道我来到《格列佛游记》中的小人国了？

我又仔细地看了看身上，竟然也有好几个小人儿，他们还在我身边搭了梯子，其他小人儿就顺着梯子也爬到我身上。看来他们就是用这个方法把我捆起来的，否则以他们那么小的个子，怎么可能控制得了我。

这些小人儿肯定把我当成敌人了，我该怎么办呢？我总不能一直被捆在这里呀。于是我使劲挣扎起来，虽然那些细绳子比较结实，可是毕竟那些将绳子固定在地上的小木桩对我而言实在是太小了，几乎就是大头针。才扭动了没几下，就有不少小木桩被我从地上拔了出来。这些小人儿见状，吓得叫喊着四散奔逃。

我刚要迈步行走，忽然听见衣服的口袋里有一个很细小的声音在恐惧地嚷嚷着“救命”。我把手伸进口袋里，从里面掏出了一个小人儿。这个小人儿抱着脑袋，蹲在我的手心里，吓得浑身直打哆嗦。

“别害怕，我不会伤害你的。”我轻声地说，生怕吓着这个可怜的小人儿。可是这个小人儿还是抱着头不停地哆嗦着，我只好用手轻轻地抚摸着他，比抚摸小猫小狗的动作还要温柔，生怕弄疼了他。终于，这个小人儿平静下来，抬起头，怯生生地问：“你不是来我们国家消灭我们的吗？”

“我怎么会是来消灭你们的呢，我只是……”我该怎样向这个小人儿解释呢？其实我自己都不知道是怎样来到这里的，“我乘坐的船只遇难了，所以才漂流到你们这里。”情急之下，我想起了《格列佛游记》中的内容，就脱口而出道。

“哦，原来是这样啊。那我带你去见我的父王和母后吧。”没想到这个在我口袋里发现的小人儿，竟然是小人国的王子。

在小王子的指引下，我们朝着小人国的王宫走去。一路上，我们有说有笑，小王子还问我，他可不可以坐在我的肩膀上。当然可以了，于是我就把他放到了我的肩膀上，这样我就能更清楚地听到他说的话了。

“你看，那就是我们国家的王宫了。”小王子坐在我的肩膀上兴奋地向前指着。眼看就要走到王宫了，只见一个将军打扮的小人儿拿着一个大喇叭冲我喊道：“我命令你，快把我们的王子放下来，否则我们就不客气了！”这个小人国还真有意思，不客气又能怎么样？难道又要朝我放那些好似蚊子叮咬的箭吗？

“他不是坏人！他不是坏人！”小王子急得站在我的肩膀上，使劲喊着。可能是小王子的声音太小了，那些小人国的将军和士兵并没有听到他的话。想不到这些小家伙竟然推出了他们的大炮，准备向我开火。他们怎么不想想，他们的王子还在我身

上呢。

我对小王子说："你坐稳了，我要跑了。"听到小王子答应后，我便迈开双腿向前跑去。那些小人国的士兵看到我朝他们跑过来，吓得四散奔逃。而那个将军模样的小人儿则不停地叫喊着："回来，你们都给我回来！"

就在小人儿士兵乱成一团的时候，我跑到了小人儿将军面前，对他说："你们的王子不是好好儿地坐在我的肩膀上吗！"

小王子也肯定地点了点头说："对呀，对呀！我很好呢。这个巨人对我非常好，他肯定不是来消灭我们国家的。"

看到小王子安然无恙，那位小人儿将军才相信了我的话。可是就在这时，小人国突然冒起了浓烟，一个小人儿士兵慌慌张张地跑到将军面前报告："将军，不好了！王国里的百姓以为有巨人入侵，好多人都吓得准备逃走。混乱中，有人不小心打翻了炉子,一下着起火来。大家都忙着逃难,也没有人灭火,那火越烧越大,现在都快烧到王宫了!”小人儿将军一听,急忙往王宫里跑,我也跟着跑起来,很快就把那个将军甩在身后。

小王子急得哭起来:“这可怎么办呢?我的父王和母后还在王宫里呢!”

我一边跑,一边安慰小王子:“别着急,我跑得快,一定会有办法的。”

当我赶到王宫时,王宫的一角已经燃烧起来,好多小人儿正在全力救火呢。看着那些小人儿拿着小小的水桶和小小的盆子,我真替他们着急。这可怎么办?如果有我能用的水桶或者盆子,完全可以轻松地灭掉大火,因为对这些小人儿来说是火灾,但是对于我来说,半盆水就能解决问题。

到哪里去找我能用的盆呢?如果有那么大的盆,都可以给他们当游泳池了。

我这心里一着急,竟然想上厕所了。咦,我的心

里突然有了一个好主意。关键时刻也顾不上害羞了，我就地解决了我的内急问题，当然也起到了“消防水龙头”的作用。

最终，小人国的一场大火被我的一泡尿轻松地灭掉了。这件事可不能让其他同学知道，特别是不能让女生知道，否则她们还不笑话死我呀。

大火被我灭掉了，小王子也安然无恙地回来了，国王和王后以及其他小人儿都消除了对我的怀疑，举国上下为我欢呼，还大摆筵席。虽然有一千多个小人儿不停地为我上菜，但还是供不上我吃的速度，因为他们实在是太小了，每人一次只能拿那么一点点菜和点心。

我一边品尝着美食，一边仔细地观察着这些小人儿。他们好像最高的也就是七八厘米的样子，这得有多少个小人儿叠在一起，才能有我这么高呀。小王子特别喜欢我，吃饭的时候还一直坐在我的肩膀上，因为只有这样才方便跟我说话。

我问小王子:“你有多高呀?”

小王子用骄傲的口气回答说:“我都6厘米高了!”我完全被他的语气逗乐了。

我现在是1.5米高,也就是150厘米。让我算一算,我的身高应该是小王子身高的25倍。也就是说,他的身高是我的$\frac{1}{25}$。如果用小数来表示,$\frac{1}{25}$是多少呢?用1除以25,那就是……嗯,0.04。

我正在心里暗暗地对比我和小王子的身高,忽然远处传来一阵打雷似的吼叫,震得整个王国都颤抖起来。小人儿们更是吓得哆嗦成一团,小王子也差点从我的肩膀上掉下来。

我问小王子:“到底是什么东西发出的吼叫?”

小王子说:“在王国的附近有个怪兽潭,里面住着一只巨大的怪兽,总是发出这样恐怖的吼叫。虽然这只怪兽从来没有到王国里来,可是这样可怕的叫声还是让小人国的人们非常担心,生怕某一天这个大怪兽会跑到王国里来。听说这个怪兽有着巨大的体型，巨大的脚，就算他不会故意伤害这里的人，但是只要随便一踩，王国也会遭受灭顶之灾的。”

我的英雄情怀又来了，我安慰小王子说：“别怕，我去看看这到底是个什么样的怪兽，看看这家伙到底想干什么。”

听说我要去见这个大怪兽，小人国的国王和王后，还有那些小人儿们都非常高兴。在小人国将军

和士兵的带领下，我来到了怪兽潭附近。那些小人儿给我指明了方向，就再也不敢继续向前走了，我只好一个人向着怪兽潭走去。

穿过一片茂密的树林，我看到了一个奇怪的家伙，他正站在水潭里大喊着："谁能帮帮我？谁能帮帮我？"看样子，他的个子也不是特别高。虽然他的确比我高很多，不过看上去也就是两个我的高度吧。虽然他长得有些奇怪，但那张脸看上去明明就是一个小丑的模样，而且还是一个笨笨的、可爱的小丑。不过也难怪小人儿们都觉得他可怕，连我这个正常的小孩子，他们都怕得要命呢，更何况这个小丑比我还高这么多。

"你怎么了？"我问这个大个子小丑。

"唉，我的牙好疼啊！可是牙医不肯给我拔牙，非要等我回答出他的问题才肯给我拔牙。哎呀呀，疼死我了！"原来是这么回事。

"那个牙医的问题是什么呢？"

“牙医问我，我的身高是小人国王子身高的多少倍？还问我，小王子的身高是我的几分之几？还要用小数说出来。我哪里知道什么是小数，什么是大数呀。我就想找个路过的小人儿问一下，可是那些小人儿看见我就吓得乱跑。我怕吓着小人国的人，又不敢去他们王国里找人问……哎呀，疼死我了！”

“没问题，我可以帮你。你告诉我你的身高是多少，我帮你解答问题。”

“真的吗？太好了！我的身高是 3.06 米。”

高个子小丑的身高是 3.06 米，小王子的身高是 6 厘米。小丑的身高是小王子身高的多少倍？小王子的身高又是小丑身高的几分之几？如果用小数表示，又该写成多少呢？

原来如此

3.06 米 =306 厘米

可以这样计算哦！

$306 \div 6 = \boxed{51}$ 倍

$6 \div 306 = \boxed{\frac{1}{51}}$

$\boxed{\approx 0.0196}$

也可四舍五入，取近似值，即 0.02。

第十二章 无理取闹的简形

从三年级开始，更确切地说，是从狄老师担任我们的数学老师开始，上学对我来说就成了一种享受。如果我一直到四年级还讨厌数学，那我将会是什么样子？简直不敢想象。

最近除了数学课之外的高兴事，就是在五一假期跟着爸爸妈妈出去旅游了。我们还爬了泰山，看到了云海、日出，真是美极了。

假期出游的人实在是太多了，到处都是人，这让我很疲惫。爸爸却还是一副很乐观的样子，他说这是因为现在人们的生活条件都好了，所以才会旅游。如果人们连自己的温饱都解决不了，哪里还有心思出游呢。我仔细想了想，觉得爸爸说得很有道理。

我们一家直到假期的最后一天晚上才到家，你说我能不累吗？今天上课，我强忍着没让自己睡着，可是课间还是控制不住地趴在书桌上睡着了。

又是简彤，她就像我的克星。迷迷糊糊中，我听到简彤说："这个陶小乐到底是怎么回事？大白天就在学校睡觉，你当书桌是枕头呢。"

我假装没听见，继续趴在那里"闭目养神"。只

听窦晓豆在一旁替我解释道:“陶小乐昨天很晚才旅游回来,当然很累了。”到底是死党,窦晓豆总是维护我。

“出去玩一玩,一个男孩子还能累成这样? 我也是昨天才从海南回来的, 不还是精神饱满地上课吗!”

“怪不得你都变黑了呢。哈哈……”

窦晓豆的一句玩笑话,成功地把简彤的注意力从我身上转移到他身上,只听简彤气呼呼地说:“谁变黑了!”

听到这里,我忍不住扑哧一声笑出来。这一笑不要紧,简彤又把注意力转移到我身上了,她没好气地说:“好啊,你还装睡! 你是想偷听吗?”

“我睡觉,你指责我;我不睡觉,你还是指责我。你说我到底该睡觉呢,还是不该睡觉呢?”对付简彤的最好办法就是装可怜。如果跟她硬碰硬,那就是自讨苦吃。有句话说得好——好男不跟女斗。

“看你的态度还不错,那就交给你一个任务吧。你把咱班假期出去旅游的同学的情况统计一下,写一份报告。报告既要有文采,又要有具体的数据,让全班同学看看你的能力。”简彤竟然学起老师的样子,给我布置起作业来了。

我瞅了瞅窦晓豆,他却把手一摊,说道:“这次我可帮不了你了。”一副等着看我笑话的样子。

对于简彤的要求,我完全可以置之不理,可是偏偏我对她的这个提议很感兴趣。如果按照简彤的说法,把出去旅游的同学的情况都统计出来,不是更能让我了解外面的世界吗?

我这么做可不是因为害怕简彤那丫头,而是我自己想做的。我可是堂堂男子汉,怎么可能怕一个小女生呢。

要怎么开始呢?对了,我干脆学着记者的样子,对同学们来一次关于旅游细节的大采访吧。我这招是不是很聪明?

于是我拿着笔记本和笔,一本正经地对班里的同学进行了"采访"。第一个被我"抓住"的采访对象当然就是简彤简大小姐了,谁让她给我安排任务呢。既然这是她的主意,当然要老老实实地配合我的采访。

虽然简彤的个性有些强悍和霸道,但是她对事物的认识、分析以及叙述能力都很强。这不,她不仅把旅游地点的特色说得很清楚，当地的美食描述得很详细，弄得我一边记录，一边咽口水，更重要的是，她甚至把这几年他们家每年出去旅游的次数，还有大致的消费情况都说得清清楚楚，这就解决了我对她的提议中“数据”一项的困惑。毕竟“文采”好理解，就是作文，可是这个数据该如何表示，我还真有些犯难。

在对简彤进行采访的过程中，她那流畅、清晰的描述，让我突然对如何表示数据有了想法。下面是我记录下来的几个同学家旅游的数据。

简彤家的旅游费用——2016 年大约是 22000 元，2015 年大约是 20000 元，2014 年大约是 19000 元，2013 年大约是 18000 元，2012 年大约是 15000 元。简彤还真挺厉害的，2012 年我们还没上小学呢，她竟然也知道数据，应该是听她的爸爸妈妈说的吧。

胡聪聪家的旅游费用——2016 年大约是 30000

元(有这么多吗?是不是他在吹牛呢?)2015年大约是35000元(看来他是在吹牛了!)2014年大约是20000元(吹牛都没个谱!)2013年大约是8000元,2012年大约是10000元(看到了吧,他说的这些数就跟过山车似的)。

窦晓豆家的旅游费用——2016年大约是8000元,2015年大约是10000元,2014年大约是5000元,2013年大约是9000元,2012年他表示真的不知道(不过我给他出了个主意,就是根据那年他家去过什么地方,大致估算一下,我们就暂且估算为6000元了)。

至于我家是什么情况,我还是回去好好儿地采访妈妈后再说吧。

如果你是陶小乐，会怎样总结这些数据呢？

原来如此

2012-2016 年各家旅游消费情况统计表

金额（元） \ 年份	2012	2013	2014	2015	2016
简彤家	15000	18000	19000	20000	22000
胡聪聪家	10000	8000	20000	35000	30000
窦晓豆家	6000	9000	5000	10000	8000

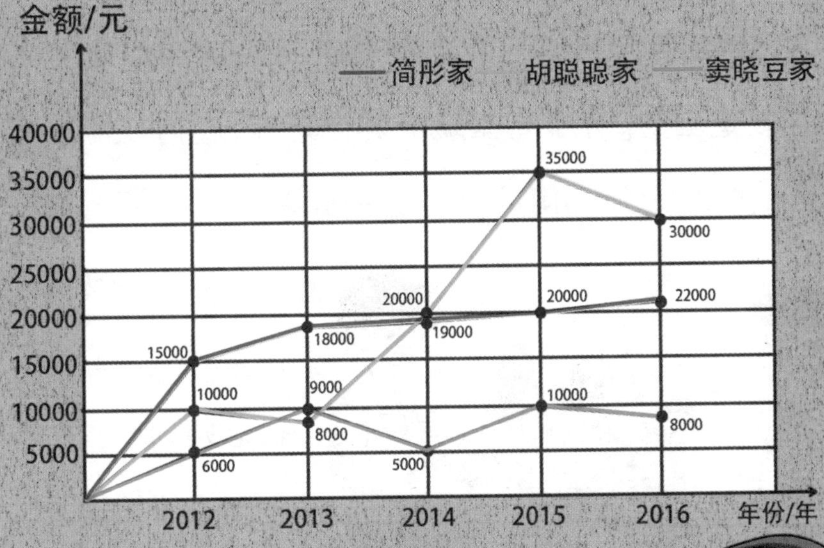

制作表格的好处，不用我多说，你一定知道了！

第十三章 狄老师的神秘约谈

我觉得我是所有同学中最喜欢狄老师的那一个，毕竟是他把身陷数学困境中的我给拯救出来了。尽管我们都很喜欢狄老师，但我们却很少去他的办公室，因为我们和狄老师之间最有趣的事情都是发生在教室里的。办公室里还有其他老师，我们可不想把我们和狄老师之间的秘密泄露出去。

可是今天，我在走廊里碰到了狄老师，他竟然让我到办公室找他。这可真是一件稀罕事情。

狄老师见我

进来，顺手将手里正在转动着的一支玫瑰花插在了花盆里，原本含苞待放的玫瑰瞬间绽放开来。如果是其他男老师在桌子上摆放一朵玫瑰花，我们一定会觉得非常奇怪，可是狄老师就不同了，他可是魔术师。虽然在其他老师面前，他丝毫不张扬，但对于我们这些见识了他的神奇之处的学生来说，他摆放玫瑰却是再自然不过的事情了。

“陶小乐，你知道我为什么叫你来吗?”

我“嘿嘿”地笑了笑，挠了挠头，还真不知道狄老师葫芦里卖的什么药。

“这两年来，你的数学成绩有了很大进步，区里要举办一次小学生数学竞赛，你想参加吗?”

“我?”虽然我知道自己的数学成绩的确有了不小的进步，但是参加数学竞赛这件事，我还从来都没有想过呢。

“我行吗?”我不太自信地问狄老师。

“不试试，你又怎么知道自己不行呢?”

“可是万一成绩不理想，不是给学校丢人吗？”

“运动会上可没见你这么前怕狼后怕虎的，这时候怎么就胆怯了呢？拿出点运动会上的劲头。如果你真不想参加，也不必勉强，不过这可是检验你的数学能力的好机会，更何况也是一次锻炼的好机会。”

我被狄老师的话打动了，不禁有些心潮澎湃。我也不知道从哪里来的劲头，竟然举手敬了个礼说：“Yes, Sir!”这是我在电影里看到的，我知道是“是的，长官”的意思。

从狄老师的办公室出来后，那股热血沸腾的劲头也褪去了，我有点后悔刚才的冲动。

今天的体育课，我一反常态地没了往日里上蹿下跳的活泼劲，心里反复想着这件事。自由活动的时候，我一个人躲在操场的角落里。

“陶小乐，你一个人在想什么呢？”

抬头一看，竟然是同桌小眼镜。虽然我们的关系比之前近了很多，但是还没到有秘密就告诉他的地步。更何况这件事，我连窦晓豆和胡聪聪都没告诉呢。

“没想什么。”我搪塞道。

“狄老师也找你了吧？”

小眼镜已经知道数学竞赛这件事了，如果这时候，我再假装不知道，就表示我心里害怕了。“是啊，看来狄老师也找你了！”我的语气里明显有些挑衅的味道。我怎么能输给小眼镜呢！即便能力不如他，气势上也不能先输给他。

小眼镜继续说道：“既然都决定参加比赛了，那我们就一起努力吧，可别辜负了狄老师和同学们……”

“哎呀，你快别讲大道理了，说点实在的吧。”

“实在的？这可是你说的。你听着，一条长度为100米的公路，如果在公路的一侧每隔5米种一棵树，一共要种多少棵树？”

“这不就是教科书上的题目吗？如果两头都要

种，那就是21棵。”我不屑地回答道。

“一根10米长的木头，要把它平均分成5段，每段多长？如果每锯断一次需要8分钟，那么锯成5段需要多长时间？”

“这还是和书上的题目差不多。每段2米，锯四次就能锯成5段，所以就是8乘以4，也就是32分钟。”

“挂钟在6点时敲了6下，用时6秒。12点时敲了12下，需要多长时间？”

我记得曾经做过一道类似的题目：广场上的大钟在5点的时候敲5下，用时8秒，12点时敲12下，需要多长时间？当时我先用8除以4，这个4实际上就是挂钟敲响5下的间隔数，就像上面说到的种树和锯木头是一样的道理。8除以4得出2，2乘以11得22(11是挂钟敲响12下所需要的时间段)。

你是不是觉得有点乱？其实特别好理解，大钟敲一下停顿，然后再敲第二下，再停顿，第三下响起……从第一个钟声到第三个钟声响起，只需要两个等待时间，依此类推，12 点钟虽然敲了 12 下，但是实际只需要 11 个等待时间。

“你怎么不说话了？”

“哦，咱们也做过类似的题目。挂钟每敲两下，所需的时间是 6 除以 5。这是个小数吧！”我一边说，一边迅速在脑海里假想用 60 除以 5 得 12，然后把小数点放在 1 和 2 之间，就是 1.2；再用 1.2 乘以 11，还是假想 12 乘以 11，得出 132 后，再将小数点稳稳当当地放回到 2 的前面 3 的后面，随后说出了“13.2 秒”这个答案。自从四年级的第一堂数学课上，狄老师“见缝插针”地给我们讲了一些印度人的“19 乘以 19 口诀”后，我已经能非常熟练地计算两位数相乘了。

“不错。这两年，你的数学还真是突飞猛进呀。而且更重要的是，你做起数学题来一点都不发蒙了。怎么样，我们这次可以全力以赴应战了吧？”

原来小眼镜绕了一大圈，是想激发我的斗志。

那就冲吧，正像电视里那些猛将所说的——狭路相逢勇者胜！

一共有100个砝码，质量分别是1克、2克、3克……100克。先把1克的砝码放在天平左侧的盘子里，把2克的砝码放在天平右侧的盘子里。然后再把3克的砝码放到天平左侧的盘子里，把4克的砝码放到天平右侧的盘子里。按照这个规律，直到把全部砝码都放完。请问天平右侧盘子里的砝码比左侧盘子里的砝码重吗？重多少？

原来如此

当我们按照规则把砝码一左一右地放上去的时候，是不是发现右侧每放一个砝码，就会比左侧多出1克呢？砝码的总数是100个，所以左右两侧的盘子里各放50个，就直接得出了结果：右侧盘子里的砝码比左侧盘子里的砝码重50克。

如果你一直在看这套书，那么类似这样的题目是不是在《不一样的数学》的第四章里就曾经见过呢？虽然题目不同，但思维方式是不是很接近呢？遇到问题不要先着急解题，首先要仔细观察，看看有没有什么规律可循。

第十四章 神灯的用途(上)

胡聪聪最近总是神灯长,神灯短的,刚开始,我和窦晓豆还和他一起热烈地讨论,可时间长了,我们俩都有些烦了。这都怨我,因为这个话题还是我先说起来的。我知道《一千零一夜》还有个别名,叫《天方夜谭》,事情就是由书名引起的。那天,我们三人谈到最近都读了什么书,我说:"我刚刚读了《天方夜谭》……"话还没说完,胡聪聪就打断我说:"那有什么好看的? 我爸爸说要给我买一套《一千零一夜》呢。"

听了胡聪聪的话,我忍不住哈哈大笑起来。胡聪聪不服气地和我理论,我直到笑够了才告诉他,《天方夜谭》也叫《一千零一夜》,我们说的是同一本书。这次又轮到窦晓豆嘲笑起胡聪聪了。

胡聪聪虽然闹了个大笑话，却还是一副满不在乎的样子。不过经过我和窦晓豆这一番嘲笑，他对《一千零一夜》竟然着迷起来，特别是对那个神灯的故事。只要我们三人凑到一起，聊不上几句，他就总能绕到神灯这个话题上。

终于有一次，忍无可忍的窦晓豆严肃地说道："老胡，最近你嘴上挂着的那个东西，什么时候能摘下去呀？"

胡聪聪没反应过来，还下意识地摸了摸嘴："我嘴上挂着什么呀？"

“神灯呗！”我毫不客气地嘲笑他。

“瞧你们俩，就好像你们不想有一个那样的神灯似的。如果我能有一个神灯……”他的话还没有说完，就被我捂住了嘴巴。

“芝麻‘闭嘴’！芝麻‘闭嘴’！”窦晓豆也急忙阻止胡聪聪再说下去。

我们三人疯玩了一天，晚饭后，洗过澡，我就只想上床睡觉了。迷迷糊糊中，我听到了海浪的声音，空气中弥漫着一股咸咸的味道。凭着经验，我觉得自己再一次来到了美丽的大海边。

软软的沙滩还真舒服。我正享受着这片刻的宁静和安逸，忽然从远处传来一阵优美的歌声。我被吸引了，不由自主地睁开双眼，坐起身，四下寻找着歌声的源头。

歌声似乎是从远处的一块大礁石上传来的。我站起身，朝着大礁石走去，原来那个大礁石上坐着一个五六岁的小女孩。就在我快要走到小女孩面前时，脚下忽然被什么东西绊了一下，低头一看，只见一个奇怪的东西埋在沙子里，只露出一个尖角。我蹲下身，用手把沙子扒开，一个茶壶形状的东西出现在我眼前。

“这东西也太脏了。”我用手擦了擦，想看清楚它的本来面目。就在这时，从这个茶壶形状的东西里冒

出一股青烟，把我吓了一跳。随着青烟的散去，我的眼前出现了一个青面獠牙的大妖怪，还戴着一只大耳环。

"主人，我可以实现您的三个愿望。"

啊？这难道就是传说中的神灯吗？三个愿望？我的愿望可不止三个。让我从这些众多的愿望中挑出三个来，还真得好好儿地想一想。

"你先回去吧，等我想好了再叫你出来。"

"你让我回去？那你已经用掉一个愿望了。"

啊？我就这样白白地浪费了一个愿望。看来我要认真对待这件事了。

妖怪回去了，我拿着神灯，想起刚刚唱歌的小女孩。可是现在，歌声已经消失了，大礁石上的小女孩也不见了。

我忽然觉得肚子有些饿了，于是拿着神灯，沿着海滩一直向前走去。走着走着，我又听到了那个动听的歌声。我加快脚步向前走去。

前面是一个小渔村，在村头的一棵大树下，有几个人正在忙碌地摆放着桌子，一个小女孩的身影吸引了我。虽然其他人都在忙碌着，但小女孩却坐在一把椅子上唱着歌。这不就是刚刚在礁石上唱歌的小女孩吗。

“阿布，你来帮忙算一算，我们今天摆放的桌子到底够不够？”一个老爷爷对小女孩说。看来阿布就是她的名字。

“一张桌子能坐下 6 个人，两张桌子并在一起能坐下 10 个人，三张桌子并在一起就能坐下 14个人了。阿布，照这样下去，10 张桌子并在一起能坐下多少人呢？我们今天应该有 37 个人一起庆祝……”这时，老爷爷看到了我，“哦，看来我们今天要有 38 个人一起庆祝了。阿布，你能算出我们需要摆多少张桌子才能坐下 38 个人吗？”这个问题是我们上学期刚刚学过的，这个看起来五六岁的小女孩能算出来吗？我不禁为她担心起来。

一张桌子能坐下 6 个人，两张桌子并在一起能坐下 10 个人，三张桌子并在一起就能坐下 14 个人。照这样下去，10 张桌子并在一起能坐下多少人呢？如果一共有 38 人，需要并多少张桌子呢？

原来如此

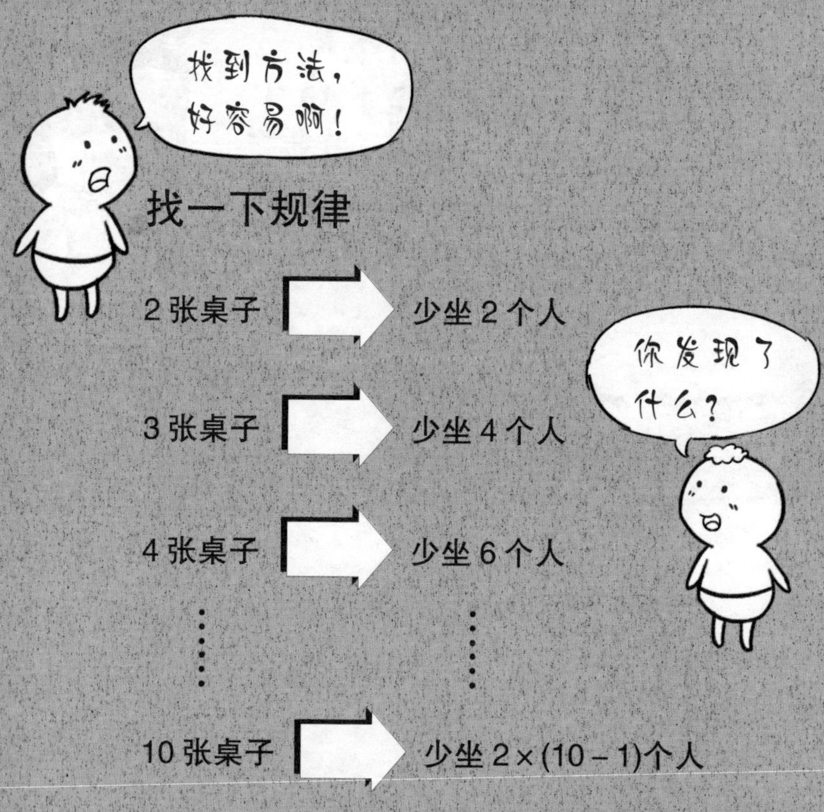

答案为：10×6－2×(10－1)=42(人)

现在共有 38 人，设需要 x 张桌子，列出方程式：

$$6x-2(x-1)=38$$
$$x=9$$

第十五章 神灯的用途(下)

真是大大出乎我的意料,这个小女孩竟然想都没想,就说出了正确答案。她还热情地和我打招呼:“你好,欢迎你和我们共同庆祝渔村的大丰收。”

我注意到这里的人的衣着和我很不相同,感觉差了好多年。虽然不能说是古代,但的确要比我所在的时代要久远一些。

阿布朝着我的方向走过来。她长得非常可爱,而且看起来非常眼熟。可是我明明就是第一次见到她……

“你今年多大了?让我猜猜。”走到我面前的阿布一边说,一边把手从她的头比画到我身上,“你有十一二岁了吧。”

“你猜得真准。”不过我的心里还是有点疑惑,为什么她要用手比量我们俩的身高呢?

“我的眼睛看不见。”似乎是猜透了我的心思，阿布向我解释道。

啊！她明明就有着一双漂亮、清澈的大眼睛，怎么会看不见呢？我不由得替她难过起来。

“你不必替我感到难过，我生下来就是看不见的，从来没有见过光明，也早已习惯了黑暗。不过我真想看看那些好闻的花长什么样子，听说花儿非常美丽。还有那个能带给我们温暖的太阳，到底是什么样子呢……”

原来这些对我们正常人来说习以为常的事情，对于阿布来说，竟然是那么遥不可及。

“你别再为我难过了，我真的已经习惯了。”小阿布小小年纪就会安慰别人，真是太懂事了。她的眼睛虽然看不见，却能轻易猜透别人的心思。阿布想要拉我的手，却无意中碰到了我手中的神灯。

“这是什么？”

阿布这么一问，倒是提醒了我，我一下兴奋起来:“我知道该许什么愿了!”

我举起手中的神灯用力擦了擦,那个青面獠牙的大妖怪又出来了,把那些正在忙碌的渔民吓了一跳。我也顾不得解释,立刻对他说:“我的第二个愿望就是让阿布的眼睛复明。”只听那个妖怪说了一声“好”,阿布的眼睛瞬间复明了!

第一次看到这个世界的阿布又惊又喜,不再是

刚刚那副小大人的样子，而是瞪大了双眼，新奇地看看这个，又看看那个。她还欢呼雀跃地叫着："爷爷，我能看见了！我能看见了！"

老爷爷和渔村里的人都围过来，当他们确定阿布真的可以看见后，都兴奋得手舞足蹈。老爷爷擦着眼泪，嘴里不停地说着："真是太好了！真是太好了！"好半天，老爷爷才想起了什么，转身对我和那个大妖怪说："孩子，我们真是太感激你了，还有你的朋友……"

还没等我说话，那个大妖怪就抢先说道："你们不用谢我，我已经饿了一千年了！你们摆宴席，必须算上我一份！"

"这还用说，你们都是阿布的恩人！"

村子里的人热情地把我们让到了摆好的桌子前，可是妖怪的个子实在是太高了，椅子根本就坐不下他。那妖怪也不客气，席地而坐，还不停地嚷嚷着："快点上菜！"

大家急忙搬来好多张桌子，特地给他拼成了一张大桌子。一盘盘美味可口的饭菜被一一摆在了桌子上，我只看清最外层的每一边都摆放了 8 盘菜，还没等我想这到底是多少盘菜呢，只见大妖怪一阵风卷残云，盘子里的菜连汤都没剩下。

大妖怪打了一个大大的饱嗝后，身体变得更大了。可是他的嘴里还在不停地嚷嚷着："快上菜！饿死我了！"

村里的人继续给他上菜，一瞬间又被他吃了个精光。他又打了一个大大的饱嗝，身体又长大了很多。

大妖怪越来越大，食物根本就满足不了他的胃口，他也从不开心变得愤怒起来。我和阿布同时叫了声："不好！"因为村里人准备的食物已经全被他吃光了。暴怒的大妖怪掀翻了面前的桌子站起来，那高度简直是"顶天立地"！

"我饿！我要吃东西！"眼看着大妖怪伸手抓住

了一个村民，我急中生智，说出了我的最后一个心愿："让妖怪回到神灯里！"

一阵旋风刮过，大妖怪不见了。这个神灯对我来说已经没有任何用处了，我把它交给了老爷爷。老爷爷说等他们下次出海的时候，就把它扔进大海。

村里人又重新准备了丰盛的食物，这次就不仅仅是为了庆祝今年的大丰收了，还要庆祝阿布能够见到光明。

我和阿布一边吃着美食，一边聊着天，她说："我将来要当一个能帮助别人的小魔女。"

啊！这时我终于想起这个叫阿布的小女孩长得像谁了——布拉布拉小魔女！

第一次给大妖怪上菜的时候，陶小乐看到最外层的每一边都摆放了 8 盘菜，你能算出最外层一共摆放了多少盘菜吗？

原来如此

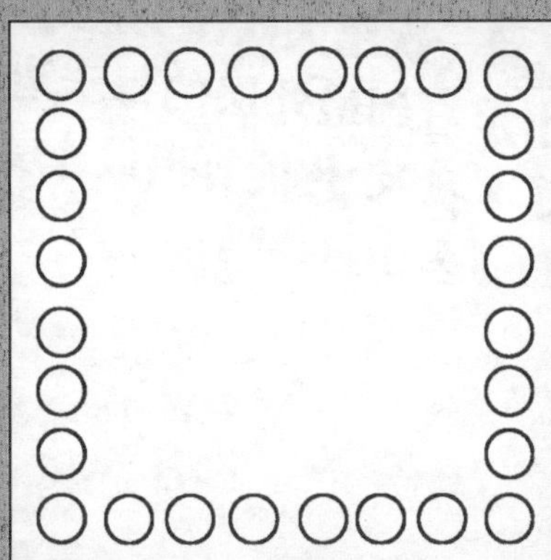

方法 1

因为每一边都是 8 盘菜，相邻的两边有一道菜是共同的，所以可以列式为：

$$8 \times 4 - 1 \times 4 = 28(\text{盘})$$

方法 2

还可以通过上图来思考，即可列式为：

$$8 + 6 + 8 + 6 = 28(\text{盘})$$

越是简单的题，越不能马虎哦！